欢乐数学营
如何使一条直线弯曲？
90°
美丽的形状之间是否有数学的联系？
Geometry
Understanding Shapes and Sizes
U0264926
(x,y)
[英] 迈克 · 戈德史密斯（Mike Goldsmith）◎ 著
梁超 王林 张诚 ◎ 译
+ b² = c²
为什么无法“化圆为方”？
人民邮电出版社
北京

图书在版编目（CIP）数据

极简几何史 / （英）迈克·戈德史密斯（Mike Goldsmith）著；梁超，王林，张诚译. -- 北京：人民邮电出版社，2022.8
（欢乐数学营）
ISBN 978-7-115-57301-8

Ⅰ. ①极… Ⅱ. ①迈… ②梁… ③王… ④张… Ⅲ. ①几何－青少年读物 Ⅳ. ①O18-49

中国版本图书馆CIP数据核字（2021）第184374号

版权声明

Originally published in English under the title: Geometry: Understanding Shapes and Sizes by Mike Goldsmith
© Shelter Harbor Press Ltd, New York, USA, 2019
本书中文简体字版由Shelter Harbor Press Ltd授权人民邮电出版社独家出版。未经出版者书面许可，不得以任何方式复制或抄袭本书内容。
版权所有，侵权必究。

内容提要

本书将带读者越过算术题和教科书，去认识那些创造了无数奇迹的最伟大的头脑。他们的故事告诉我们是什么激励和驱使他们做出了令人难以置信的发现。在这个过程中，读者会读到令人惊奇的，或令人兴奋的，有时甚至是十分怪异的故事，这些故事以我们从未想象过的方式将数学带入日常生活。而且，书中大量的彩色照片和手绘插图提供了直观形象的视觉示例。

本书通过重要的数学家、重要的数学概念和各种形状来讲述几何学的历史，展现几何学如何被用来解开自然的秘密，从简单的勾股定理的概念—它帮助埃及法老辛努塞尔特三世将肥沃的田地公平租赁给农民—开始，一直到当今研究的复杂的几何图形，例如非欧几里得几何图形。它带领我们穿越由数学构建的新宇宙，在这个奇妙的世界里，曲线是“直”的，甜甜圈和咖啡杯的形状“完全相同”。

本书适合对数学史以及几何学感兴趣的读者阅读。

◆ 著　　[英]迈克·戈德史密斯（Mike Goldsmith）
　译　　梁　超　王　林　张　诚
　责任编辑　李　宁
　责任印制　陈　犇
◆ 人民邮电出版社出版发行　北京市丰台区成寿寺路11号
　邮编　100164　电子邮件　315@ptpress.com.cn
　网址　https://www.ptpress.com.cn
　北京九州迅驰传媒文化有限公司印刷
◆ 开本：700×1000　1/16
　印张：11.25　　2022年8月第1版
　字数：197千字　　2024年11月北京第7次印刷
　著作权合同登记号　图字：01-2019-3988号

定价：59.80元

读者服务热线：（010）81055410　印装质量热线：（010）81055316
反盗版热线：（010）81055315
广告经营许可证：京东市监广登字20170147号

图片来源

Alamy: Chronical 140r, David J. Green 143c, Historic Collection 119c, 124, History & Art Collection 142t, ITAR-TASS News Agency 157t, Science History Images129, 149, The Picture Art Collection 90bl, The Print Collector 108t

Getty Images:Corbis Historical, Hulton Archive 42t

NASA: 19t, 43, 160t

Public Domain: 39, 134, 143tl

Shutterstock: Alhovik 107t, Mila Alkovska 64, Serge Aubert 18, Dan Breckwoldt 12b, Cyrsiam 76bl, Darq 78, Dotted Yeti, 123b, Peter Hermes Furian 127bl, 127br, Aidan Gilchist 142cl, Itynal 92, Victor Kiev 111b, Mary416 94t, Morphart Creation 52, 53b, 85, 110, 131, Nice Media Production 30, Hein Nouwns 123t, Onalizaoo 27, Pike Picture 122t, Saran Poroong 29, Potapov 158, Robuart 144, Andrew Roland 140tl, Slava 2009 67t, Joseph Sohm 26, Taiga 73bl, Zoltan Tarlacz 104, Vchal 8, Ventura, 50, Vex Worldwide 75br, xpixel 108b

The Wellcome Library, London: 14tr, 57, 99

Wikimedia Commons: 6t, 7b, 9, 10l, 10r, 11br, 13, 14b, 16t, 19b, 20br, 21, 22b, 24l, 25tl, 25cr, 34, 37tr, 38b, 42b, 44, 47, 53tl, 55b, 59, 63, 66tr, 66cl, 67b, 68br, 70, 71, 72b, 73cl, 73br, 74, 75l, 76tr, 77, 79, 81, 83, 86, 88t, 88b, 90tr, 91, 93, 94, 96, 103, 105tr, 105bl, 106, 107b, 111t, 112, 114, 115t,115b, 118, 120, 128, 135, 136, 137, 139b, 145, 146, 147, 148, 151, 153t,154tl, 154b, 159, 160b, 164, 165, 166bl, 167, 169, 170, 171, 172, 173bl, 173br

Roy Williams: 16~17b

r: 右 c: 中 t: 上 b: 下

bl: 左下 tl: 左上 bc: 中下 br: 右下 tr: 右上 cr: 右中 cl: 左中

目 录

引 言

几何学研究的是形状与空间。“geometry”（几何学）一词源自希腊语，整个词的原意是“大地测量”，最初为农民和建筑师所使用，后传承至今。实际上几何学的应用不止于此，它可以让我们研究无法触及甚至无法想象之处，比如宇宙的起源、空间的延展，以及其他维度。

几何学本来是用于测量土地的，但很快成为执行计算的一种方

实用的几何学

几何学源远流长，在最简单的等式出现之前就已出现。几千年来，它也是数学不可或缺的部分。例如，现如今我们一般用方程式（或者内嵌方程式的应用程序、计算器或计算机）来求平方根，而 2000 年前的古希腊学生则画出下图中这样的半圆来求一个数的平方根，这里用 x 表示这个数，把它加上 1 得到长度为 $(1+x)$ 的线段，以之为直径画一个半圆，以 x 长度处的标记点为垂足画一条垂线，交半圆周于某点，这两个点之间线段的长度就是 x 的平方根。古希腊人的答案是个长度，不是数值。

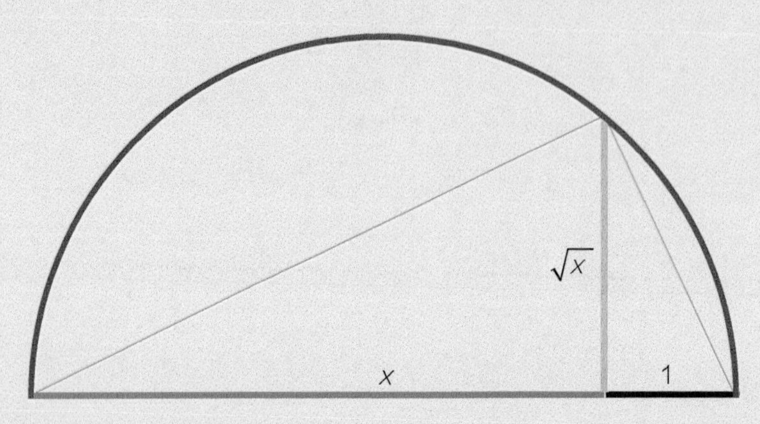

所有三角形的内角和都是180°。这是古希腊人发现的，虽然他们用的不是角度制。他们的说法是："一个三角形的内角加起来是两个直角（一个直角是90°）。"

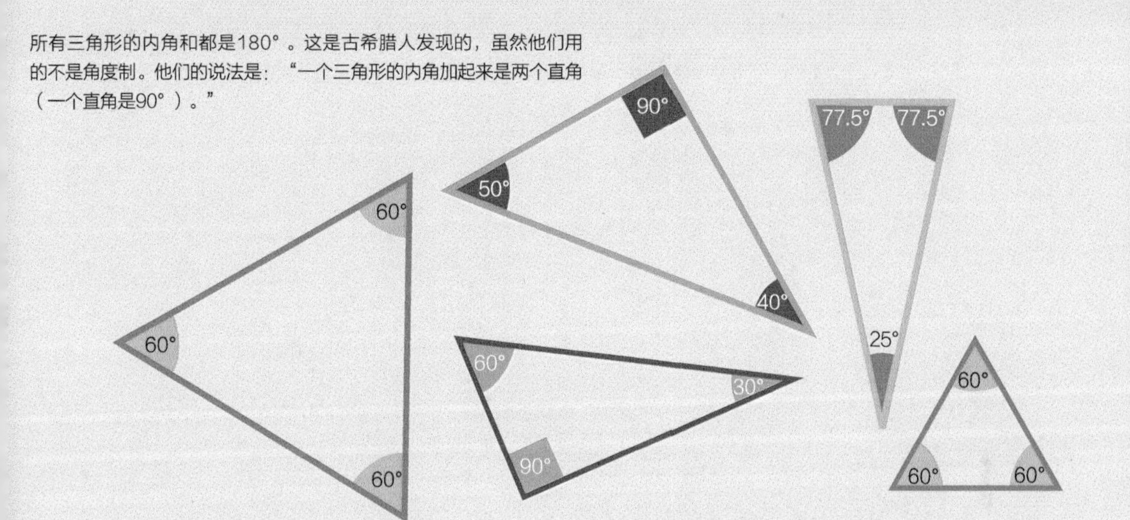

现实世界

一直以来，几何学被广泛用于研究宇宙，我们的祖先利用它来了解地球的形状、月球的大小、地球与太阳的距离。一直到 19世纪，几何学家都假定几何学中所应用的三角形和正方形就是现实中的模样。但是那时有些"具有冒险精神"的数学家开始探索不同的自然系统下的几何学。例如，根据古希腊人的几何学，三角形的内角和是 180°，面积（S）等于三角形底（b）和 高（h）乘积的一半：

$$S = (1/2)\, b \times h$$

其他几何学

虽然如此，改变一下几何学常规，研究一下其他三角形也可以嘛，比如内角和大于或小于 180° 的，甚至角度随着尺寸改变的。这种几何学里的各种形状是没法用于画建筑或城市的蓝图的，除非蓝图跟实物一般大。这种几何学被称为非欧几何，这是为了与古代世界伟大的古希腊数学家欧几里得所构建的几何学区分开才如此命名的。

大约2300年以前，欧几里得写了一本几何学著作《几何原本》。它是历史上无与伦比的数学著作。

在球面上连接三点A、B、C，构成三角形ABC，其三边a、b、c看似很直，但三角形的内角和超过180°。

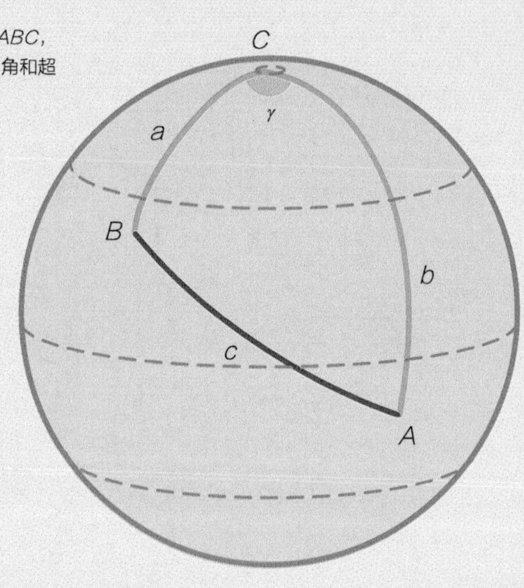

关联

非欧几何在20世纪之前都没怎么派上用场，但是物理学家阿尔伯特·爱因斯坦做出了突破，他发现非欧几何能用来解释引力。基于他的工作进行的缜密测量表明，适用于研究宇宙的几何确实是非欧几何，这真是妙不可言。例如，科学家和测量员将激光用于测量是因为它沿直线传播。然而，如果你在水星、金星和地球之间发射激光，得到的三角形的内角之和将超过180°。

黑洞扭曲空间，直线变成曲线。

正方形与立方体

还有一个几何学上的构想——四维（或者更高维）空间。长久以来，人们都认为它是虚幻的。线是一维的，平面图形是二维的，立方体是三维的。线、面、体用简单的数学知识串联起来了。例如边长为L的正方形的面积是$L \times L=L^2$（读作"L的平方"）。棱长为L的立方体的体积是$L \times L \times L=L^3$（读作"L的立方"）。脱离开几何学的含义，平方和立方的思想也是很有用的。例如，撞车时产生的力与车速的平方成正比。

阿尔伯特·爱因斯坦那些著名的理论是基于空间和时间的几何学的。

更进一步

还有一些自乘四次的例子。例如，液体流过管道的难易程度取决于管道直径（W）自乘四次的结果，或者说"$W \times W \times W \times W$"，我们可以将之简写为"$W^4$"，读作"$W$的四次方"。我们可以尽情扩展。例如，$3^{10}$就是$3 \times 3 \times 3 \times 3 \times 3 \times 3 \times 3 \times 3 \times 3 \times 3 = 59049$。19世纪时，少数人还对四维空间将信将疑呢，要是听说我们现在最新的宇宙理论——弦理论，一定会大吃一惊吧。弦理论不一定对，不过如果对了的话，就意味着真有三维以上——四维甚至十维的物体！数学中最古老的几何学，拥有无限可能。

一条线段是一维的，再加几条依次构成直角的线段就得到了正方形这样的二维图形。再加几个正方形就构成一个立方体，它是三维的。再继续这个过程构造四维形体看似不可能，但数学家相信它确实存在。

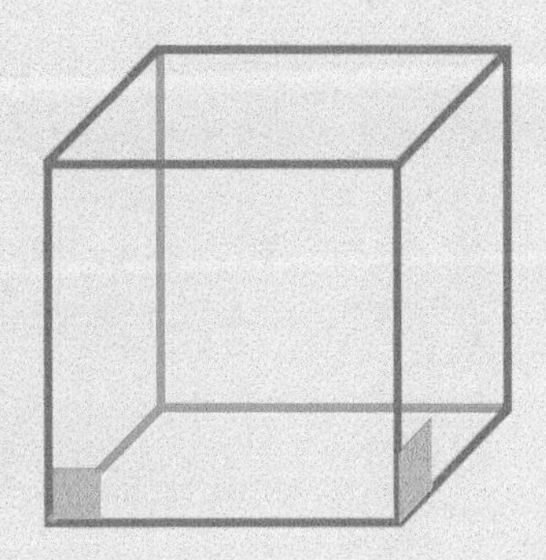

几何学的起源

所有土地都属于法老。法老辛努塞尔特三世（公元前1878年左右在位）用几何学来保证农民公平租地。

所有古代文明都用到了数学知识，几何学的起源地之一是流淌在埃及的尼罗河。人们依河而居，但河水并不与人为善。年年岁岁，河水泛滥，漫过土地，冲走植被，沉积下沃土的同时也毁坏了田地。

古埃及农民依靠尼罗河漫灌土地而生。

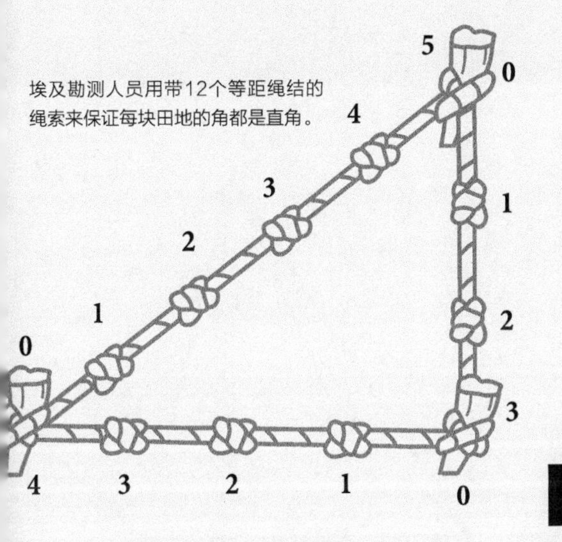

埃及勘测人员用带12个等距绳结的绳索来保证每块田地的角都是直角。

公平租赁

法老忧心的不只是河水毁田。辛努塞尔特三世把肥沃的田地分给农民，收取年租；他还对被河水毁坏的田地免除租金。但是如果田地只是毁了一部分怎么办呢？辛努塞尔特三世的办法是按毁坏的比例减免租金。这个办法促进了几何学的发展。

斤斤计“角”

要减免租金先得计算出毁坏田地的面积。处理遗产继承问题时也得计算田地的比例，因为田地通常由在世的儿子们均分。长方形田地的面积好算，长乘宽即可。但是确定一块新田地，或者复核一块旧田的形状，必须确保各角都是直角。那就用上图这种带 12 个等距绳结的绳索。这样摆好后，绳索构成了一个直角三角形。那确确实实是直角，因为边长是根据刻画直角三角形的勾股定理得来的。对于直角三角形，两条短边是 a 和 b，长边为 c，勾股定理表明 $a^2+b^2=c^2$。定理对于绳索三角形是成立的，因为 $3^2+4^2=5^2$。古埃及人可不懂上

古代残简

我们知晓古埃及数学家的事是通过传世的写在莎草纸（一种用植物茎秆做的厚纸）上的文字。其中一卷的作者叫阿梅斯（生活在公元前 1550 年左右），因亚历山大·亨利·莱因德于 1858 年在埃及市集发现了该纸草书而被称为莱因德纸草书。这卷纸草书只写了问题(例如“圆柱谷仓，直径为 9，高度为 10，容积几许？”）和答案，但没有解答过程。据我们所知，古埃及人是通过不断试错得到正确答案的。显然没有证据表明他们试图发展数学证明。

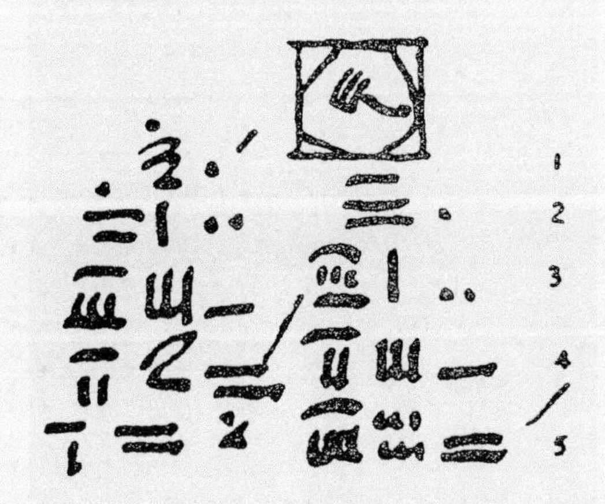

面的公式，因为他们根本没有用符号来表示“相等”和“平方”的概念。但是他们确实知道边长为 3、4、5 的三角形是直角三角形。古埃及人还会用直径乘上 3.1 来计算圆形土地的周长，如今我们知道这个常数更精确的数值了，还把它称为 π（读作“派”）。

该四棱锥金字塔的体积，是底边长的平方乘上它的高，再除以3，用式子表示就是 $V=(1/3)a^2h$。

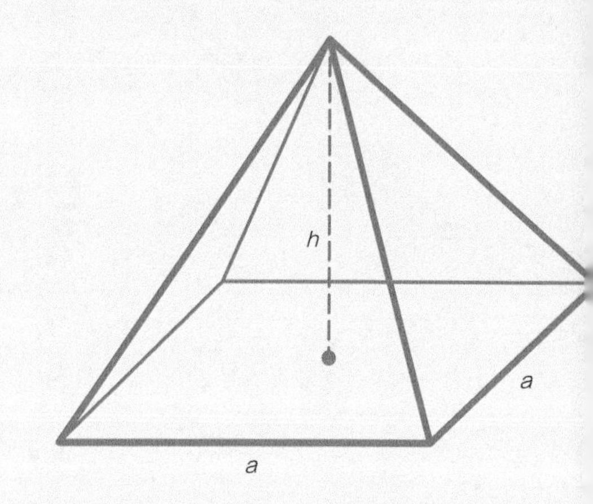

该平顶金字塔的体积是 $V=1/3(a^2+ab+b^2)h$。

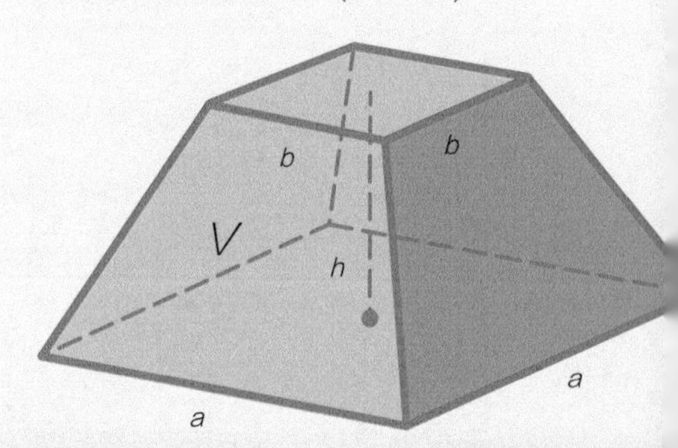

多少物料才够用？古埃及建筑学家推进几何学的发展，一部分目的是计算建造大大小小的金字塔需要多少石块。

第三维

计算体积在建筑工程里也必不可少，例如，依据体积可算出建造一座纪念碑需要多少石块。古埃及人酷爱金字塔，故而娴熟于由建筑的宽度和高度计算其体积和表面积。他们甚至能算出平顶金字塔（用数学专业的术语说就是“棱台”）的体积。这个形状的金字塔建起来容易些。做笔算的话，如今我们用方程式（见第 12 页图）来算更简洁、清晰。

故步自封

虽然古埃及文明在数百年间花开各地、欣欣向荣，但古埃及人在建筑技术成熟之后对几何学的探索就止步不前了。在发现了如何规划他们的建筑和测量他们的田地之后，他们对几何学就没有进一步的兴趣了。

求知者

专业数学家会认为不经证明地使用公式是匪夷所思的，就好像不探探冰层薄厚就贸然踏冰过湖。但是我们大多数人很自然地就这么做了。也许你用过勾股定理，或者使用过把 6 个数加起来再除以 6 的方法来计算它们的平均数。只有在答案明显错误的时候我们才可能问一句“为什么”（或者“为什么不是”），所以古埃及人，或者其他文明的人只是一味埋头大做，无意去审视数学方法，那也不足为奇了。在数学以外也是如此，例如，没多少人好奇手机的工作原理。但是如果没有好奇的人，我们可能还在像古埃及人（也没有手机）一样生活呢！然而一切都要改变，由古希腊人来改变。

文艺复兴时期的画家拉斐尔的《雅典学院》，画的是古希腊的大思想家。

参见：
- 圆与球，第14页
- 三角形与三角学，第56页

圆与球

人们普遍认为米利都的泰勒斯是历史上第一位科学思想家。

古希腊的大思想家泰勒斯也是个大旅行家。他离开家乡米利都（今属土耳其），东游去探索古巴比伦文明。他听说古巴比伦人发现了内嵌在半圆里的三角形必有直角，兴趣大发。无疑很多人听到这个都会兴趣大发，但是据我们所知，泰勒斯是人类历史上第一个严肃发问——问这个命题，或者问其他几何学命题——“为什么这是正确的”的人。

在公元前6世纪，泰勒斯生活的时代，巴比伦是中东最强盛的国家。城市因巨大的金字形神塔而为人所知，包括贝尔神庙，大约在泰勒斯的时代重建。

古代世界的证明

下面证明嵌在半圆里的三角形（T）必然有一个 90° 的角（也就是直角）。首先，我们从三角形底边的中点往顶点连一条线段。因为这条线段是从圆心发出的，它的长度必为半径（r），我们在其上标 r，底边上的另外两条半径也同

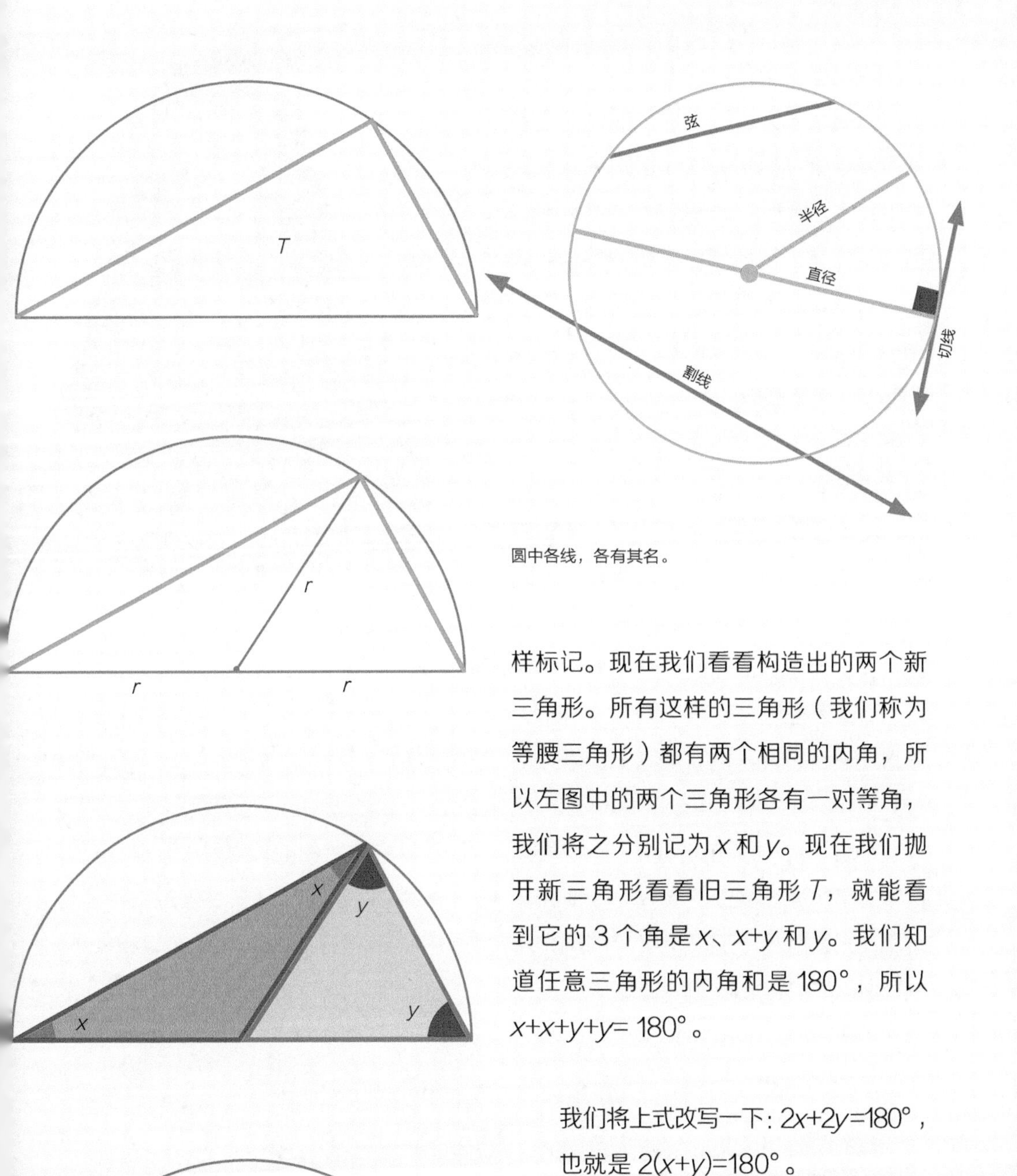

圆中各线，各有其名。

样标记。现在我们看看构造出的两个新三角形。所有这样的三角形（我们称为等腰三角形）都有两个相同的内角，所以左图中的两个三角形各有一对等角，我们将之分别记为 x 和 y。现在我们抛开新三角形看看旧三角形 T，就能看到它的 3 个角是 x、$x+y$ 和 y。我们知道任意三角形的内角和是 180°，所以 $x+x+y+y=180°$。

我们将上式改写一下：$2x+2y=180°$，也就是 $2(x+y)=180°$。
这意味着 $x+y=180°/2$，即 $x+y=90°$。

这样就算证明出来了，因为绿色三角形上方的角是 $x+y$，加起来就是 90°。

一孔之见

在三角形之后，古代和现代的几何学家又迷上了圆形。三角形关乎建筑师和工程师，圆形关乎所有古希腊思想家，因为他们认为圆能阐述宇宙的结构。或许是日月轮转的缘故，古希腊人认为圆是地球以外一切事物的自然形态，所以星星一定会转圆圈。

17世纪，约翰·奥布里对古代巨石阵（下图）的几何结构首次展开了精细研究。

巨石圆圈

圆不仅仅风靡古希腊。巨石阵建于公元前 3100 年左右，工期漫长，外观呈一组圆形，或许具有天文和宗教的双重含义。巨石阵的建筑师可能发现在平地上画圆很容易: 只要把绳子系在桩上，绷直绳子绕桩转一圈就能画出很漂亮的圆。但是其中另有玄机。巨石阵里一个大圆是用 56 个等距的洞标记的，这些洞被称为奥布里洞。古文物研究者约翰·奥布里 1666 年发现了 5 个这样的洞，所以它们以他的名字命名。

解法

这些洞的含义目前还是个谜，但我们可以猜出它们的位置是怎样确定的。见下页图，建筑师可能是先拉根绳子穿过中心桩，得到直径。再拉第二根绳子，使之在圆心处与第一根绳子呈直角。建筑

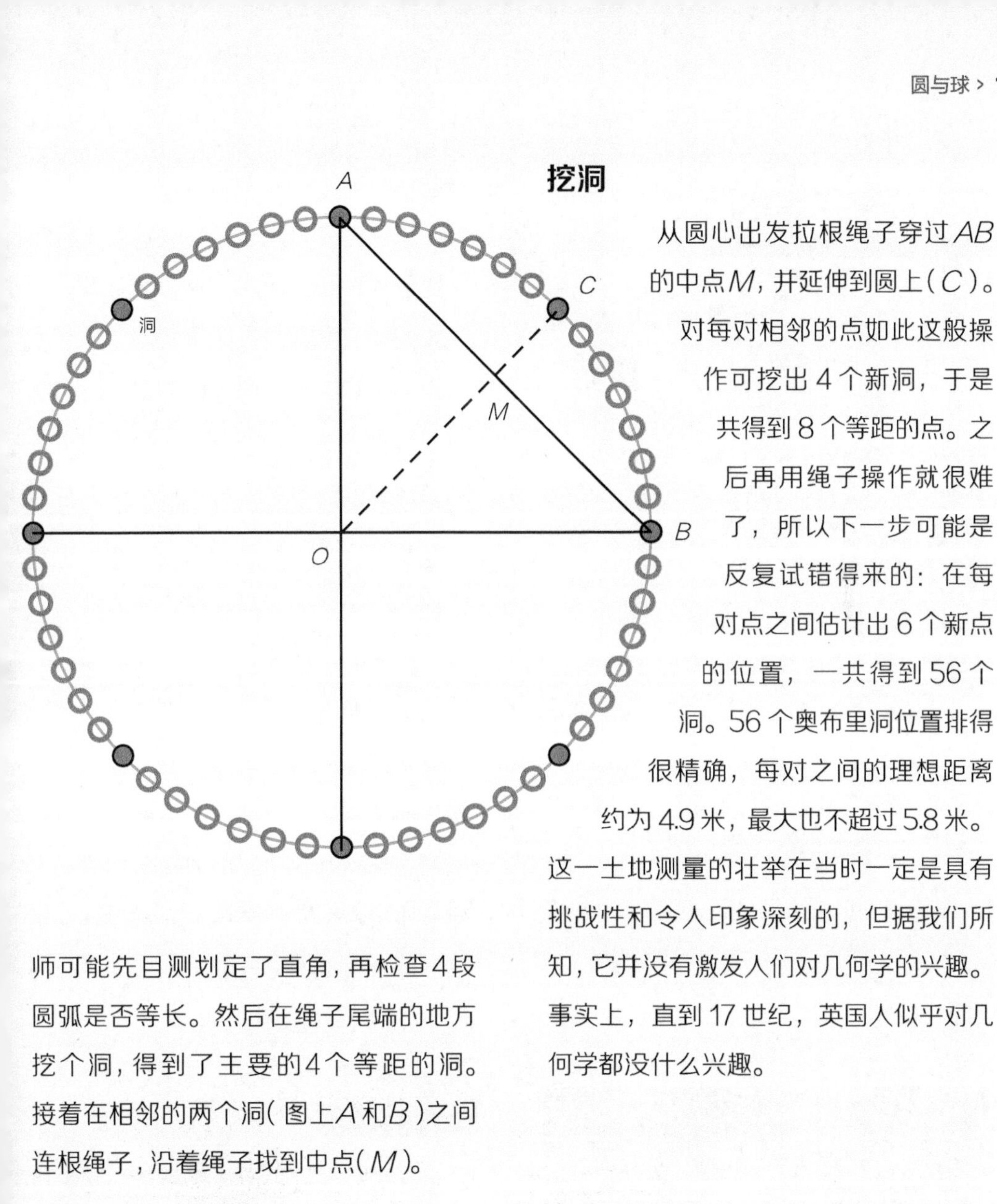

师可能先目测划定了直角，再检查4段圆弧是否等长。然后在绳子尾端的地方挖个洞，得到了主要的4个等距的洞。接着在相邻的两个洞（图上A和B）之间连根绳子，沿着绳子找到中点（M）。

挖洞

从圆心出发拉根绳子穿过AB的中点M，并延伸到圆上（C）。对每对相邻的点如此这般操作可挖出 4 个新洞，于是共得到 8 个等距的点。之后再用绳子操作就很难了，所以下一步可能是反复试错得来的：在每对点之间估计出 6 个新点的位置，一共得到 56 个洞。56 个奥布里洞位置排得很精确，每对之间的理想距离约为 4.9 米，最大也不超过 5.8 米。这一土地测量的壮举在当时一定是具有挑战性和令人印象深刻的，但据我们所知，它并没有激发人们对几何学的兴趣。事实上，直到 17 世纪，英国人似乎对几何学都没什么兴趣。

地球表面的绳圈

谈到几何学，我们不能一直相信猜测，因为证明太重要了。例如，请想象一根围绕地球一圈的绳子，长度恰好能使其与球面处处贴合。如果放松到处处都抬离地面 1 米，总长度要增加多少呢？得到答案很容易。首先，绳子的长度与地球截面圆的周长一样，也就是 $2\pi r$，其中 r 是地球的半径，约为 6371000 米。所以绳子的长度 $= 2\times\pi\times 6371000$ 米 ≈ 40009880 米。其次，绳子抬离地面 1 米，绳圈的周长变成 $2\times\pi\times(6371000+1)$ 米，也就是约 40009886.28 米。所以增加的长度仅有 6 米。比你想象的要少吧？

球的性质

三维的“圆”就是球，它至少在古希腊时代就引起了人们的兴趣，或许因为太阳和月亮都是这个形状。对于任何给定的体积，球体的表面积最小。自然界中有很多球，包括行星、恒星、气泡和眼球。以行星和恒星为例，引力把所有元素都“吸”得尽量紧密，如果不是球体，而是别的什么形体，有的部分就会比球体的半径更长。泡泡成形后，表面就紧绷绷的，保持表面积尽量小。如果要往洞穴里放个东西还能使其灵活转动，那就只能是放球体的东西，所以我们的眼球就是球体。原因是东西可动的部分要契合洞穴的形状，外形也就固定了，球体是唯一无论转向哪方，截面（圆）都一样的形体。

宇宙的形状

古希腊人对圆形惊艳不已，以至于他们认为只有它才能描绘月亮以外的宇宙。他们争论行星（包括地球）是否围绕太阳转，或者太阳和其他行星的运行轨迹是否围绕着地球时，都一致同意各种行星的轨道是圆形。中世纪西欧思想家确信地球是宇宙的中心，但是他们也同意轨道是圆形才有意义。此后，天文学家试图通过仰天观星找出行星环绕地

冥王星从每个角度看起来都是圆的，只有球形才能满足这一点。

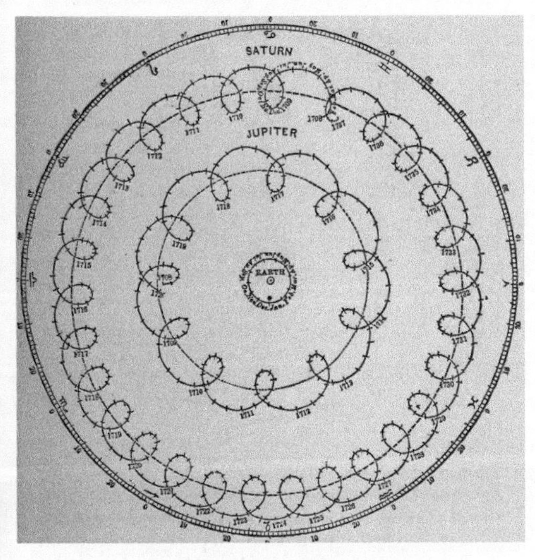

公元2世纪，托勒密把太阳系描绘成众行星围绕地球螺旋公转。

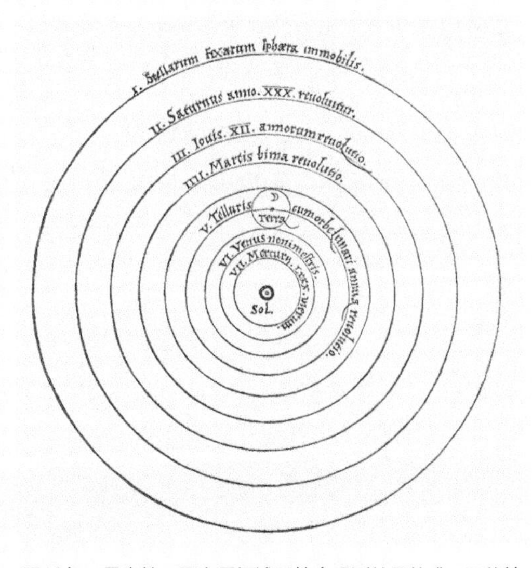

1513年，尼古拉·哥白尼阐述了符合观测结果的唯一可能性就是所有行星（包含地球）都围绕太阳公转。

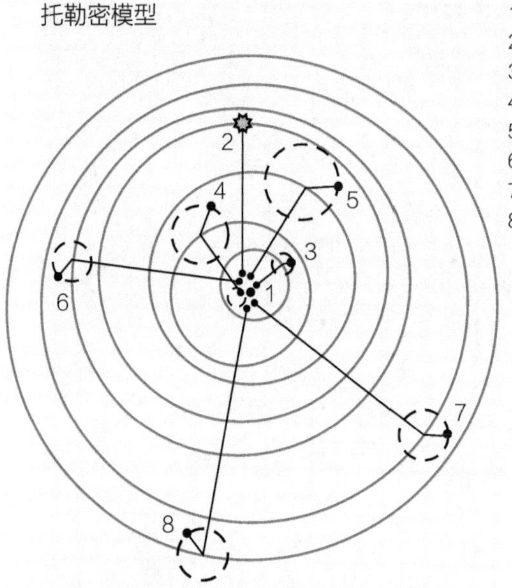

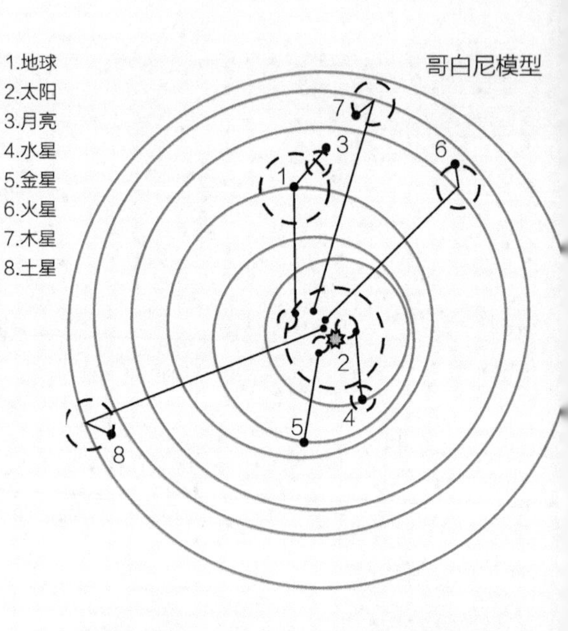

哥白尼对他那个时代的观点（基于古希腊天文学家托勒密）持有异议，认为太阳系的中心是太阳而不是地球。但是他同意行星的运行轨道是圆形。关于这点，他的理论十分复杂，包括了很多本轮，或者小圆圈叠加大圆圈。上图是简化版本。

球的确切路径。很快他们发现简单的圆无法解释这些路径，所以提出了行星以圆形轨道公转，围绕的对象本身以圆形轨道自转的观点。即使 1513 年哥白尼揭示了太阳系的中心是太阳而不是地球，他也始终确信行星的运行轨道是圆形。大约 100 年后，约翰尼斯·开普勒在庞大的数学计算结果的基础上，证明了行星的运行轨道事实上并不是圆形而是椭圆形。如果古希腊人也像喜爱圆一样喜爱椭圆，天文学家就能早点儿发现这个事实了。

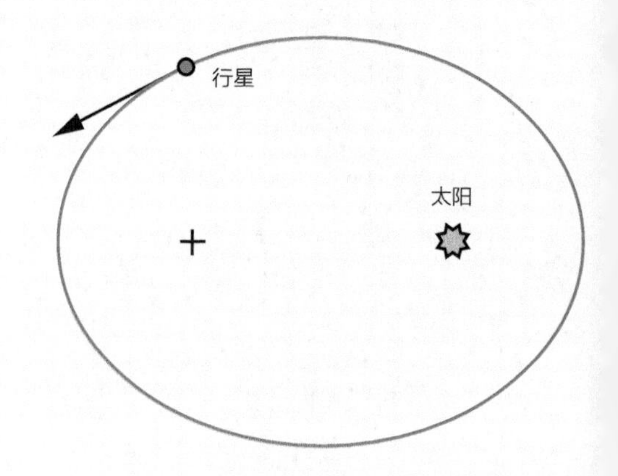

其实行星绕太阳运转的路径很简单：就是椭圆形。

贝尔特拉米的伪球面

球是一个简单易懂的形状，很适合用来探索新奇的几何想法。关于球，最早又最怪的“新”事物是欧金尼奥·贝尔特拉米研究的伪球面。贝尔特拉米是19世纪意大利数学家，他把学术研究与政治行动结合起来，在两方面都大丰收，最终成为令人尊重的科学社团——罗马的山猫学会（又称猞猁学院、猞猁之眼国家科学院）的主席，也是意大利的议员。伪球面可以认为是球的反面：球面是凸的（也就是处处向外突出），伪球面是凹的。球面是“封闭”的（没边没沿），是“有限”的（表面积固定）。反过来，伪球面是开放的，面积无限。人们曾经认为整个宇宙可能遵循贝尔特拉米研究的伪球面的诡异几何规则。

标准的球面是外凸的，贝尔特拉米研究的伪球面则反之。此图展示了伪球面是无限的。

参见：
- 圆锥的秘密，第38页
- 三角形与三角学，第56页

螺旋线

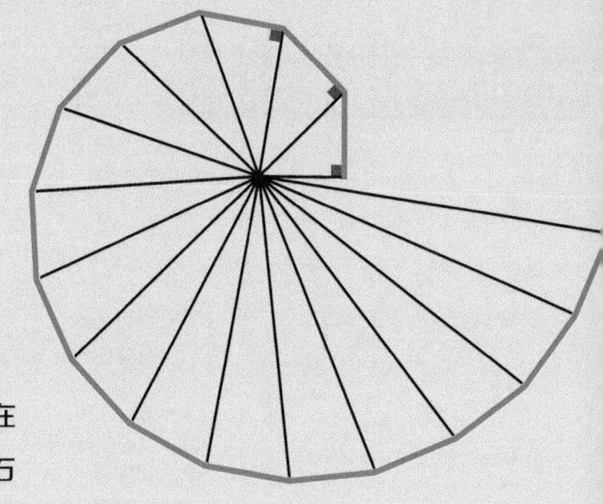

西奥多罗斯螺旋，由共点的16个直角三角形组成。

人们对螺旋线的喜好古今相同。在数千年来的各种文明中，大家会在砖石上镌刻螺旋线。螺旋线通常代表源源不断、蒸蒸日上，这是一目了然的。一根小棍的简单重复运动，就能产生不断增长的螺旋线，覆盖越来越多的空间，并且看起来可以永远持续下去。

螺旋线在数学领域也历史悠久。据我们所知，约2500年前生活在今利比亚的古希腊人西奥多罗斯首先喜欢上了螺旋线。尽管西奥多罗斯的著作已不存于世，但另一个古希腊思想家柏拉图在他的《对话录》中写到了这个人物。他把西奥多罗斯描述为一个几何学家、天文学家、“计算家”、音乐家，甚至一个伟人——但是“不苟言笑”。上图的西奥多罗斯螺旋，由一串用直线构成的直角三角形组成。西奥多罗斯给出的是一个有限的版本，这很少见。西奥多罗斯发明它可能是为了探寻数字的平方根。

数字之形

与几何学中很多其他方面一样，我们现在研究螺旋

3500年前克里特岛的迈锡尼文明里以螺旋线装饰的罐子。

线也挺容易，因为我们有更简便的数学语言。螺旋线可以认为是某物体绕另一物体旋转的路径，两者渐行渐远。为了确定这个形状，我们要描述运动的物体走了多远和它距不动点的距离，两者都要用统一的单位度量。距离的单位可以是分米，也可以是米。角可以采用角度制，也可以采用弧度制。对于螺旋线，通常弧度制更好用（参见右图）。

构造螺旋线

一种最简单的螺旋线是角和半径的数值相等。当角是 1 弧度时，线上的点距离中心（即半径）1 单位长；当角是 2 弧度时，距离是 2 单位长；如此这般。同理，当角是 0.1 弧度时，距离是 0.1 单位长；当角是 0 时，距离也是 0。于是就构成了下图的螺旋线，以第一个研究它的数学家阿基米德的名字命名。

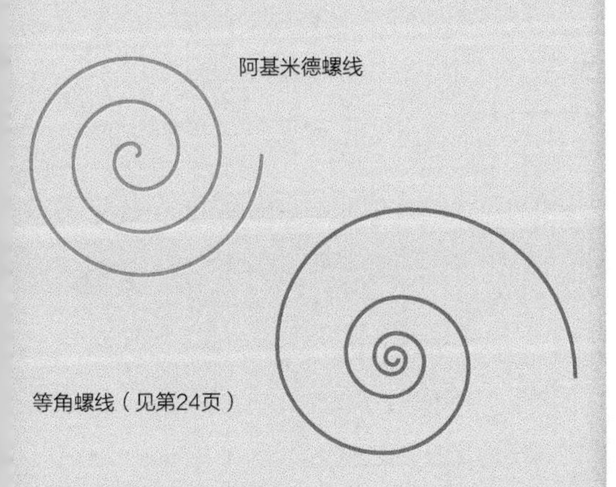

原理

角度还是弧度？

我们用 **360** 度（写成 **360°**）来定义圆的角度，这是因为数千年前的古巴比伦人就是这么做的。他们的数字系统是基于 **60** 的，**360** 是 **6×60**，于是就选中了 **360**。（**60** 能被 **2**、**3**、**4**、**5** 和 **6** 整除，但 **10** 不行，在这些数中 **10** 只能被 **2** 和 **5** 整除。）然而，我们也能设定圆周是 **100**、**120** 或 **1024** 个单位嘛。衡量圆周更自然的单位是弧度。如果我们在圆周上卡出半径那么长的一段距离，便可以得到一片大“比萨饼”。无论圆周有多大，其对应的圆心角都是一样大的。所以我们可以用这个角作为“单位 **1**”，称为弧度。既然圆的周长是半径的 **2π** 倍，那圆一周的弧度数就是 **2π**。所以 **2π** 弧度 = 一个圆周 =**360°**，也就是说 **1** 弧度 = **360°/(2π) ≈ 57.3°**。通常用含 π 的数来记录角的弧度，所以一个直角就记作 **π/2**。

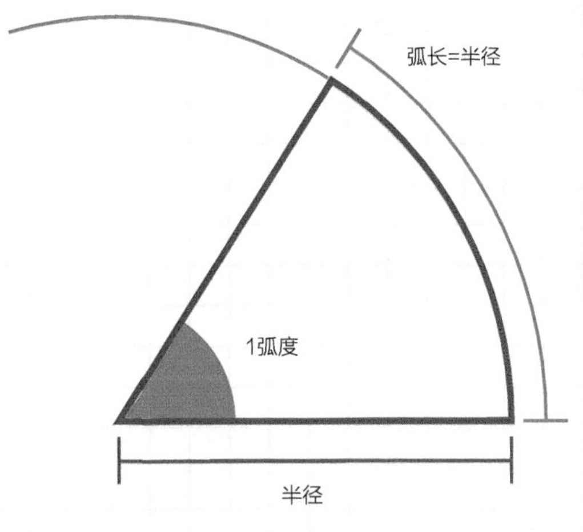

神奇螺旋

在自然界中我们能找到一些螺旋线。有一种螺旋线令 17 世纪瑞士的大数学家雅各布 · 伯努利深感震撼，他称之为神奇螺旋。神奇螺旋存在于众星系、蜗牛壳、羊角、象牙中，还有葵花盘上的葵花子组成的图案，甚至游隼都是按神奇螺旋的路线来盘旋呢！如今神奇螺旋更多地被称为等角螺线（见第 23 页图）。阿基米德螺线的曲线在向外转时保持等距，而等角螺线曲线之间的距离平稳增加。伯努利着迷的点在于它“自相似”，也就是说无论变大变小，它的形状保持不变。伯努利去世 100 多年后，关于这种形状的学科成为数学研究的一个重要分支，叫作分形。伯努利深爱等角螺线，生前要求人们在自己的墓碑上刻一个。但是，石匠不懂螺旋线，在墓碑上刻了个阿基米德螺线，悲哉！

自然之形

但是，为什么这种螺旋线在自然界随处可见？另一个古希腊人亚里士多德在公元前 350 年给出了部分答案。他注意到有些植物和动物是按照形状自相似的形式生长的。如果我们用三角形作为基础形状，那么就可以做出至少看起来像螺旋线的形状。有一种海洋生物叫鹦

左图：雅各布 · 伯努利墓碑底座上有个阿基米德螺线——并不是这位大数学家要求的等角螺线。

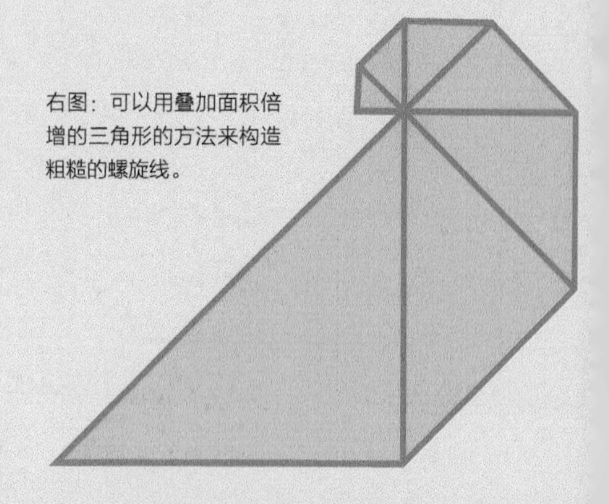

右图：可以用叠加面积倍增的三角形的方法来构造粗糙的螺旋线。

鹦鹉螺是乌贼的“亲戚”。它用螺壳中的充气小室来控制身体漂浮。

鹉螺，其螺壳就是等角螺线的形状，因为它是一格一格的，“户型”一样，却越来越大。鹦鹉螺在各居室里轮流住，要是长肥了，嫌旧室窄、不舒服，就新造一间。

等角

等角螺线的自然特征主要就是自相似，另外还有一个特征——等角，也就是说，如果你通过等角螺线的中心任意画直线，它们与螺旋线将有同样的夹角。游隼沿等角螺线盘旋也对它大有裨益。它的眼睛在头部两侧，视野有限：偏离正前方 40° 左右的东西看得最清楚。所以理想状态下，游隼要歪头 40° 来捕捉它正前方的猎物，但那样会增加风阻。沿等角螺线飞行，游隼就能头颈直伸还一直保持最佳视角。

游隼沿等角螺线飞行来保证从各个方向都能看清猎物。

参见：
- 阿基米德的应用几何，第52页
- 分形，第164页

美之数学

美能用数学捕捉到吗？有人说能，用一条边比另一条边长 61.8% 的矩形就能表示（如果一条边是 10 厘米，另一条边就是 16.18 厘米）。这个 1.618 比 1（约数）就叫作黄金比，它最早因古希腊伟大的雕刻家菲迪亚斯而出名。人们认为菲迪亚斯协助设计了帕台农神庙（又称帕提农神庙、帕特农神庙、帕提侬神庙）——雅典的著名建筑，黄金比在其中多次出现。

此后，黄金比在艺术和建筑上蔚然成风，现在的信用卡也常是这个比例的形状呢。后来，菲迪亚斯运道不佳，卷入政治阴谋，被控制作塑像时盗窃黄金，很快被流放。他名字中的“phi”在希腊文里写作 ϕ，现在表示黄金比。

黄金比在帕台农神庙中多次出现。

原理

黄金螺旋

边长比成黄金比的矩形被称为黄金矩形。如果想判断一个矩形是不是黄金矩形，不量边长也可以。在黄金矩形里画线划分出一个正方形，那么剩下的部分也得跟原来一样是个黄金矩形。这样在黄金矩形里可以一个接一个划分出正方形，没有尽头。如此形成的形状有许多特性，是一种分形图案（见第 **164** 页）。可以由此画出一种螺旋，称为黄金螺旋。

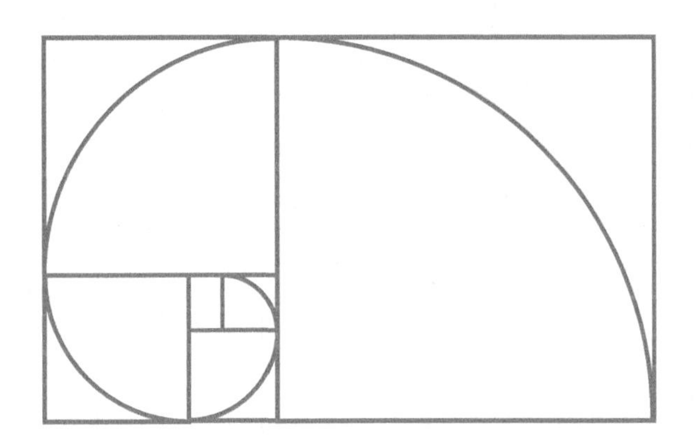

文字描述

研究黄金比的第一人是古希腊的欧几里得，他或许是最伟大的几何学家。欧几里得给出了一个简洁的定义：把一条线段分成两段，使得整条线段与其长段之比等于长段与短段之比。定义中没有用到数字，因为古希腊数学家不喜欢在几何图形里掺杂数字。这个比例在几何里出现，在艺术里也有体现，特别地，在五角星或五边形里包含很多黄金比。

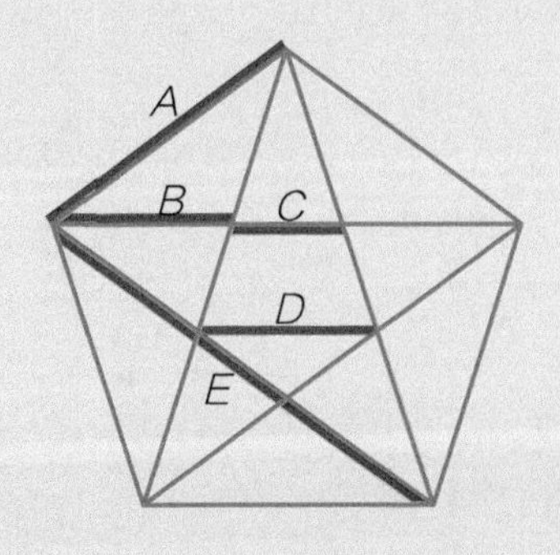

$A \div B = B \div C = D \div C = (B + C) \div B = E \div A = \phi$

数值表示

我们得比欧几里得多做一点儿来了解黄金比 ϕ，还要求出它的数值。关于 ϕ 的式子很奇特，它用自己来求解自己。这个做法可不好。毕竟用长方形来定义矩形，用卵形定义椭圆形，是毫无意义的。但是，对于 ϕ 来说，这还好：

$$\phi = 1 + 1/\phi$$

数值上，$\phi = 1 + 1/1.61803\cdots$。我们可以将其改写成一个无尽的（或者说持续的）分数：

$$\phi = 1 + \cfrac{1}{1 + \cfrac{1}{1 + \cfrac{1}{1 + \cfrac{1}{1 + \cdots}}}}$$

上式无穷无尽这件事意味着 ϕ 不能表达成两个整数的比，也就是小数部分是无限不循环的，故而它就是无理数（见第 46 页）。

自然界中用到黄金比

在许多美丽的自然物中也存在黄金比，比如向日葵。向日葵生长时是在边缘逐渐长出新子，这跟从中心展开螺旋异曲同工。一种方式是如下图 A，每步走 1/4 圆，落在圆周上的 0、0.25、0.5、0.75 处。

但是，要将葵花子铺满，这种方式就不行了，步子得小一点。图 B 是每步走 1/10 圆（所以，葵花子放在圆周的 0.1、0.2、0.3 等处，排了一圈）。这还是不行。事实上，无论我们尝试的是 1/3、1/5、1/100 圆，还是 1/1000 圆，仍然有空隙。因为要铺满不能用什么有理数，而要用黄金比。那样我们就得到图 C。

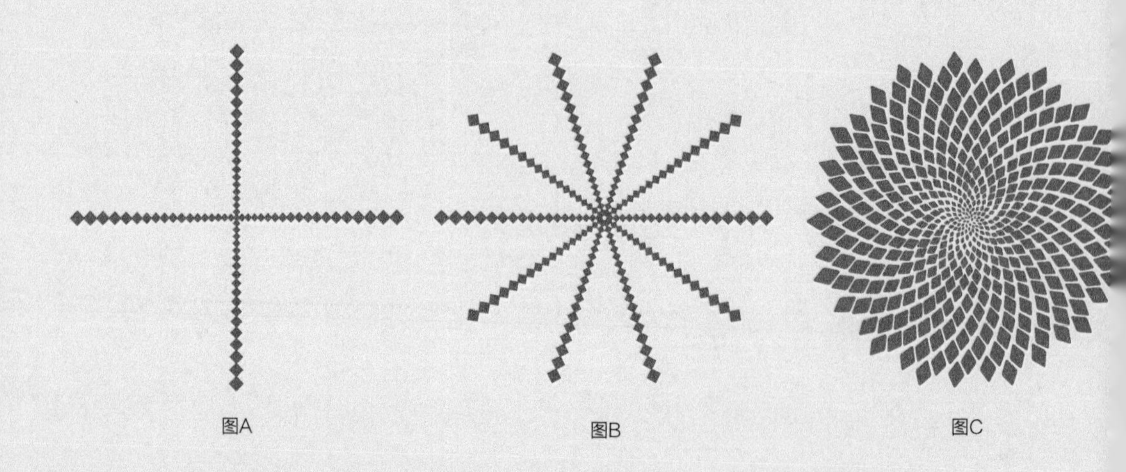

图A　　图B　　图C

与斐波那契数列的关联

黄金比中还隐含了一串数，它叫作斐波那契数列。这个数列是先写两个 1，再写它们的和 2，然后把 2 加上前项，得到 3，3 再加前项，得到 5，如此这般。过程是这样的：

$$1, 1, 2, 3, 5, 8, 13, 21, \cdots$$

如果我们把这些数两两相除，会发现商渐渐趋近一个数，如下图中第三列所示。答案我们越来越熟悉嘛。在现实的向日葵、黄金螺旋中，我们都能看到斐波那契数列。

A	*B*	*B/A*
2	3	1.5
3	5	1.66666666⋯
5	8	1.6
8	13	1.625
13	21	1.615384615⋯
数列不断延伸，然后		
144	233	1.618055556⋯
233	377	1.618025751⋯
绵绵不绝		

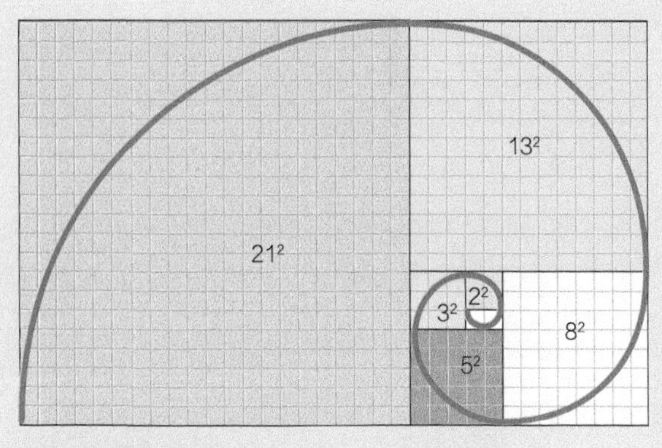

切割黄金矩形得到一串正方形——得到黄金螺旋——内含斐波那契数列。

参见：
- 螺旋线，第22页
- 建筑中的几何学，第104页

完美之形

古希腊人与其他文明的古人一样执着于完美的理念，不同（更似今人）的是，他们也热衷于探寻万物的由来。

“凤毛麟角，完璧难得”，古希腊人深知此理。但几何学确实提供了一些多面体形式的可能性，多面体是平面的立体形状。古希腊人尤其喜欢其中的5种：立方体、正四面体、正八面体、正十二面体和正二十面体。它们的每个面都是正多边形，并以相同的角度衔接，所以这些立体图形叫作“完美”多面体。大约公元前420年，西奥多罗斯（见第22页）的门徒泰阿泰德（又译为特埃特图斯）把完美多面体归了类，他还证明了世上只有这5种完美多面体。不公平的是，它们被称为柏拉图立体，是以哲学家柏拉图的名字命名的，柏拉图也非常喜欢这些立体图形。我们对泰阿泰德不多的了解也全都来自柏拉图：柏拉图说他凸眼扁鼻，在战斗中负伤而死。

更完美的世界

以柏拉图之名命名这些形状是因为它们在他的理论中举足轻重。在他看来，我们看到的身边的东西无外乎完美形的不完美版本，完美形不能被感知，但可以被理解。所以，球、橙子，或者其他

这5种正多面体是以哲学家柏拉图之名命名的，他相信通过它们能解释万物的属性。

原理

万物皆三角

所有凸多边形（内角全都小于 **180°**）都可以被剖分成三角形。对此，只要画出任意多边形，取一个角，向其他角连线，就能一目了然了。柏拉图立体是基于多边形的，柏拉图认为它们也是由三角形构成的。

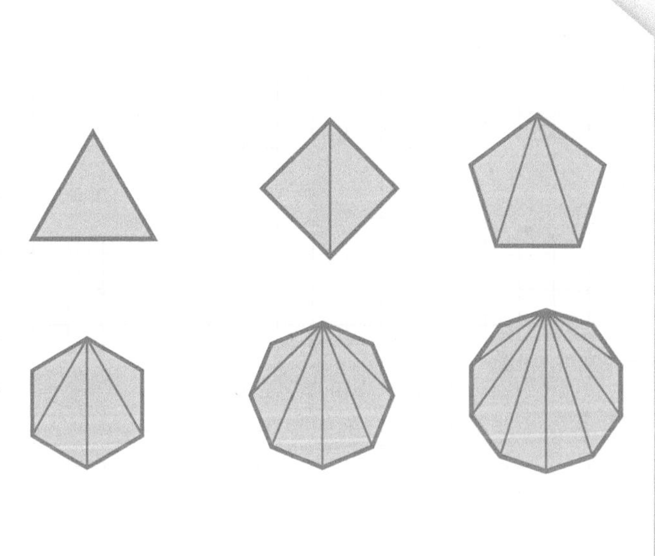

球形物体其实都是一个不可见的完美球体的粗坯，埃及金字塔也是一个完美形的粗糙版本。这个想法在一定程度上是有意义的。我们随手画一个圆，无疑并不完美，别人既知道它不完美，也知道它想要表达的是一个完美的圆。我们可以用圆规画出更圆的圆，但我们也无法说它就完美无缺了。

基础砖石

对柏拉图来说，即使“圆无完圆”，我们也知道圆的模样，这个事实意味着我们内心自有一个几何的世界：诸形皆完美。柏拉图与许多古希腊思想家一样，轻视实验和测量，爱好沉思和讨论。他沉迷于神秘形状，最后认定世上万物，圆与方、树与冠，不过是不可见的完美图形的翻版。但是对柏拉图来说，柏拉图立体是比球或金字塔形都重要的，因为它们能用三角形来构造，而三角形是构造自然的“砖石”。这就像我们今天看待原子一样。

柏拉图立体有几种？

柏拉图立体都是正多面体，也就是说所有的角都相等，各条边的边长都相等，各个面的面积也相等。平的一侧称为面，两面相交处称为边。两条以上的边相交的点称为顶点。在此标准下思考以下问题。

（1）所有含有面的立体形状，3 个以上的面相交之处必为顶点。想想有没有少于 3 个面的立体呢？没有。

（2）汇集于每个顶点的边的夹角之和，即顶点处的内角和最大是 360°（一个整圆），这只有在所有面都在一个平面上的时候才可能发生——换言之这个形状是平的。上图展示了 6 个等边三角形汇集在一个平面的顶点，该点处内角和是 6x60° =360°。然而，这个最大值在三维图形里是达不到的。

（3）但是，对于一个立体形状，我们确实需要想象三角形在三维空间中存在的一个凸起的点上相遇。该点上的内角和一定小于 360°，当点上升得更高时，内角和会变小。并且，在柏拉图立体里，根据定义，所有形状都是全等的，所以每个内角都小于 120°。这就使得很多图形被排除到柏拉图立体之外。例如正六边形，顶点处内角的角度都是 120°，它就出局了。其他 6 条边以上的形状也是一样。故而柏拉图立体都是基于 6 条边以下的平面图形构造，也就是正三角形、正方形和正五边形。

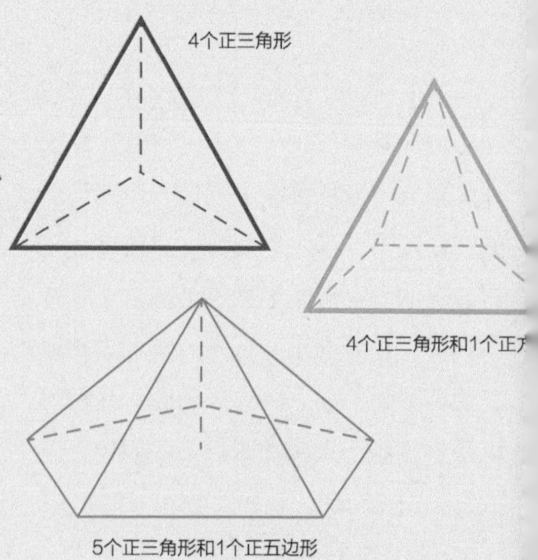

（4）正三角形的每个内角是 60°，所以只能有 3、4、5 个三角形交在一点使得内角之和小于 360°（见上图）。这就构成了正四面体、正八面体和正二十面体。

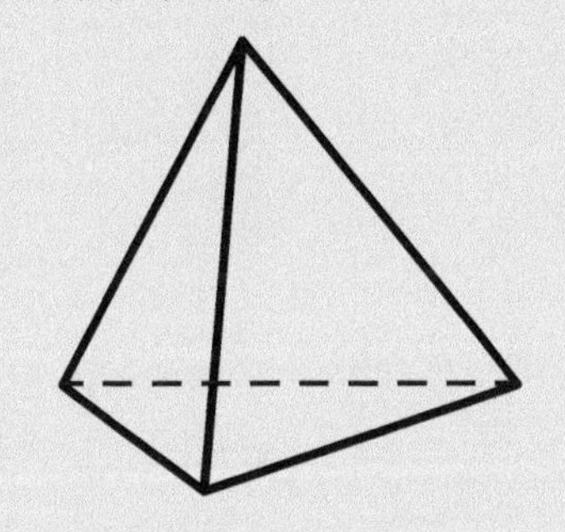
正四面体（4个面）

（5）试过了三角形的各种可能性，我们来考虑正方形。正方形的顶点内角是 90°，所以只能有 3 个正方形交在一点使得内角和小于 360°，再添上 3 个正方形就构成了立方体。

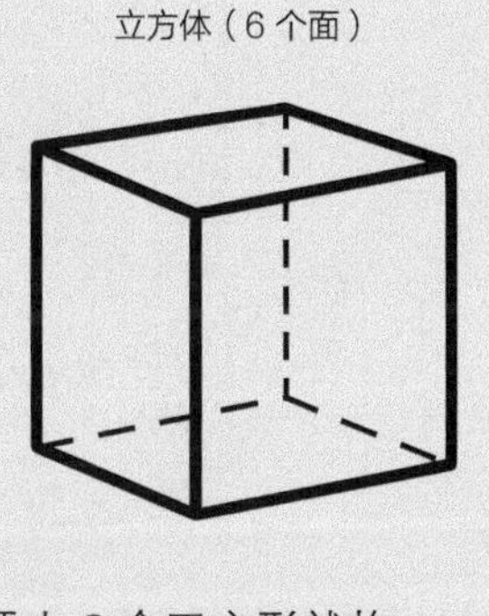
立方体（6 个面）

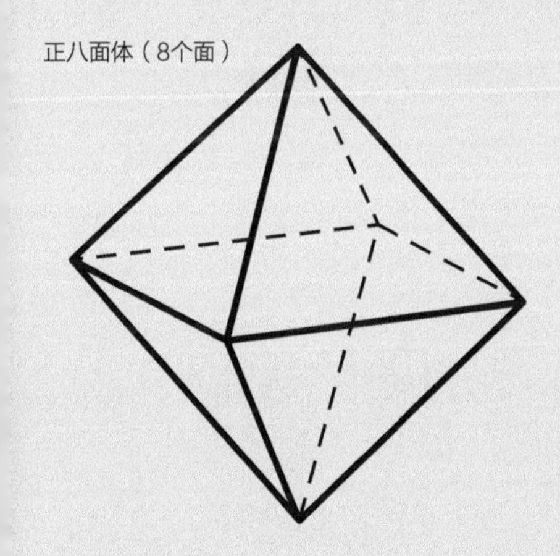
正八面体（8个面）

（6）立方体是仅用正方形能构成的唯一的立体图形，所以最后我们能试的多边形只剩下正五边形了。正五边形顶点处的内角是 108°，所以只能有 3 个正五边形交在一点，再添上 9 个正五边形，得到的图形是正十二面体。

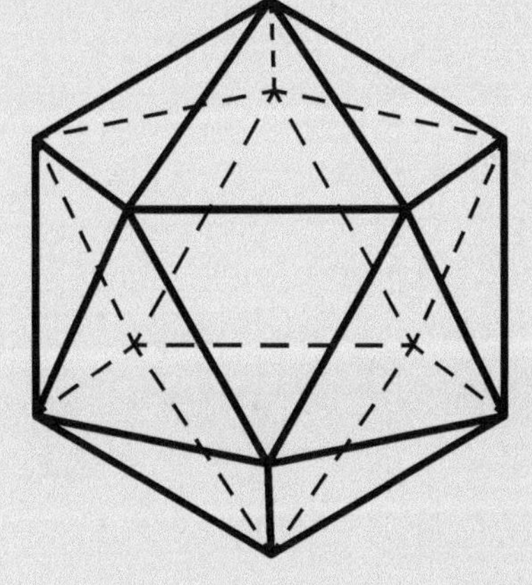
正二十面体（20个面）

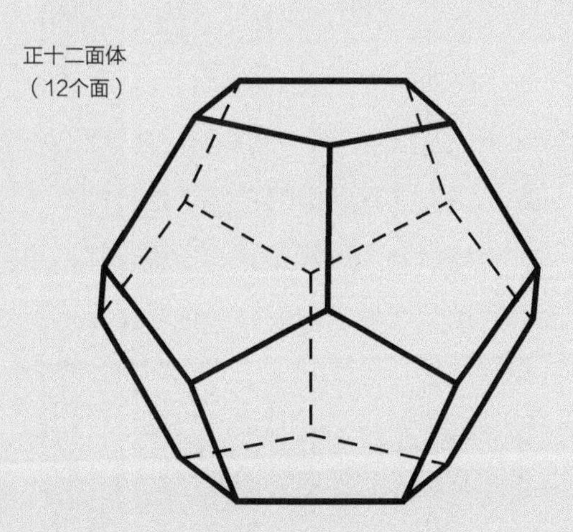
正十二面体（12个面）

（7）没有其他能用的正多边形了，所以柏拉图立体只有 5 种。

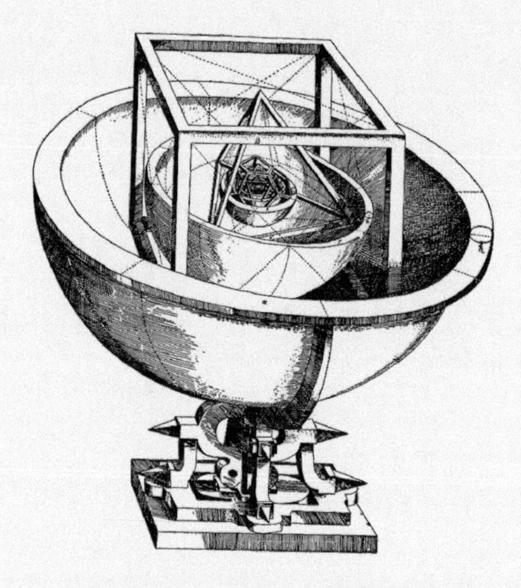

开普勒发现了行星运动的轨迹，他试图用5种柏拉图立体嵌在球里的方法建立太阳系模型。

隐患

虽然泰勒斯关于几何学的证明乃数学上的胜利，柏拉图的理论可能帮助发展了原子的思想，但柏拉图立体在古希腊时代结束很久之后的风靡也带来了一些问题。16 世纪最伟大的几何学家和天文学家开普勒，相信他用 5 种柏拉图立体代表五大行星（当时只发现了 5 颗）互相嵌套，就能解释行星到太阳的距离。他这么做倒是趋近正确答案，但是他的做法太粗糙了，换成其他形状基本上也没错。

基础元素

柏拉图认为物质的结构也能用柏拉图立体来解释。在他的时代，许多思想家相信万物由四大元素构造：地、水、火、风（可能是泰勒斯最初提出这样的看法的，他认为水生万物）。也有人加入第五元素——以太，声称其构成了太阳和星星，仅存在于月球轨道之外。5 种柏拉图立体对应五大元素的想法促使柏拉图把它们一一配对，还有其他古希腊人也试图用形状解释元素的性质。所以，他们认为地是立方体组成的，容易撮土成堆；火是四面体原子组成的，一触即燃，因为四面体都是尖角，诸如此类。

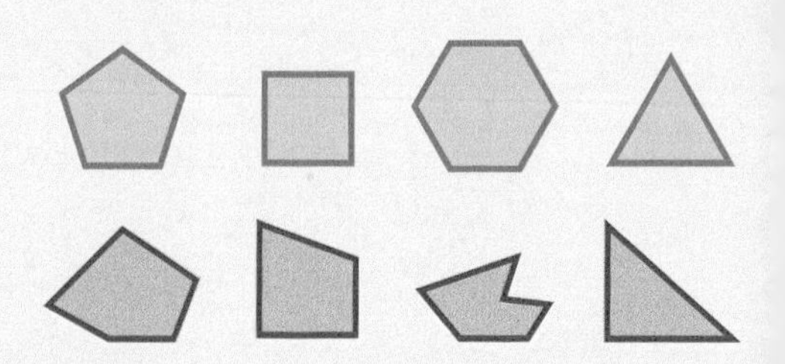

蓝色图形是正多边形，等边等角。红色图形不是正多边形。

黄色图形是凸多边形，内角都小于180°。绿色图形是凹多边形，有超过180°的内角。

多边形与多面体

柏拉图立体每个面上的边都是等长的，所以叫正多边形。非正多边形的边长是不同的。所以直角三角形是非正多边形，而等边三角形是正多边形。另外多边形有凹凸之别。区别在于凸多边形的内角都小于180°。从凸多边形的一个顶点连线到另一个顶点，不会穿出它本身。反过来，凹多边形至少有一个内角是180°以上。如果我们用来构造多面体的多边形不止一种，却仍然要求所有角度一致，就能得到13种阿基米德多面体（即半正多面体，见下页）。但是，如果一个立体既不是阿基米德多面体，也不是柏拉图立体，还有3种可能。它可能是棱柱（一对多边形由矩形相连），或者是反棱柱（一对多边形由三角形相连）。最后，它还可能是约翰逊多面体，其以数学家诺曼·约翰逊之名命名。约翰逊多面体由不止一种多边形构成，内角大小各异。一个四方底的金字塔就是约翰逊多面体，迄今人们已能描述91种之多！

形状族

各种定义之下的多边形结合成了不同的形状族。例如：定义正方形为4条等边和4个直角的形状；如果我们去掉4条等边的要求，它就是矩形；如果再去掉等角的要求，但是加上对边必须平行的新要求，就得到平行四边形。矩形的边长不一定相等，正方形是特殊的矩形。同理，平行四边形不一定需要等角，矩形是特殊的平行四边形。右图是各种四边形。角上的小方块表示此角为直角。如果一个形状里2条（或4条）边上有相同的标记，表明这2条（或4条）边是相等的。

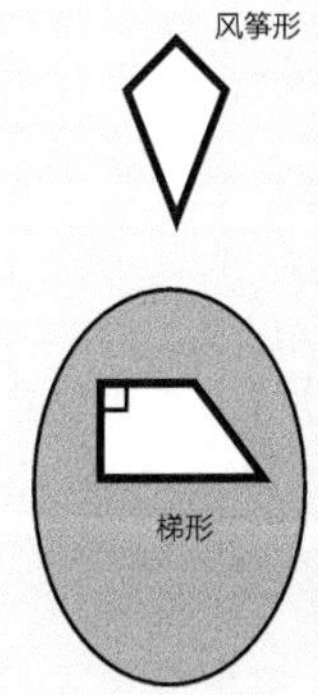

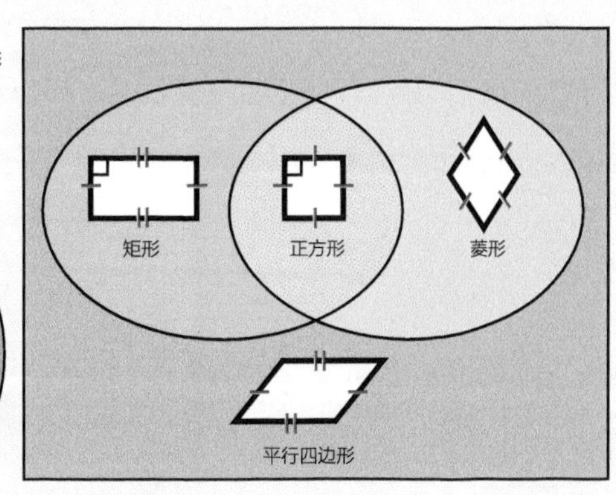

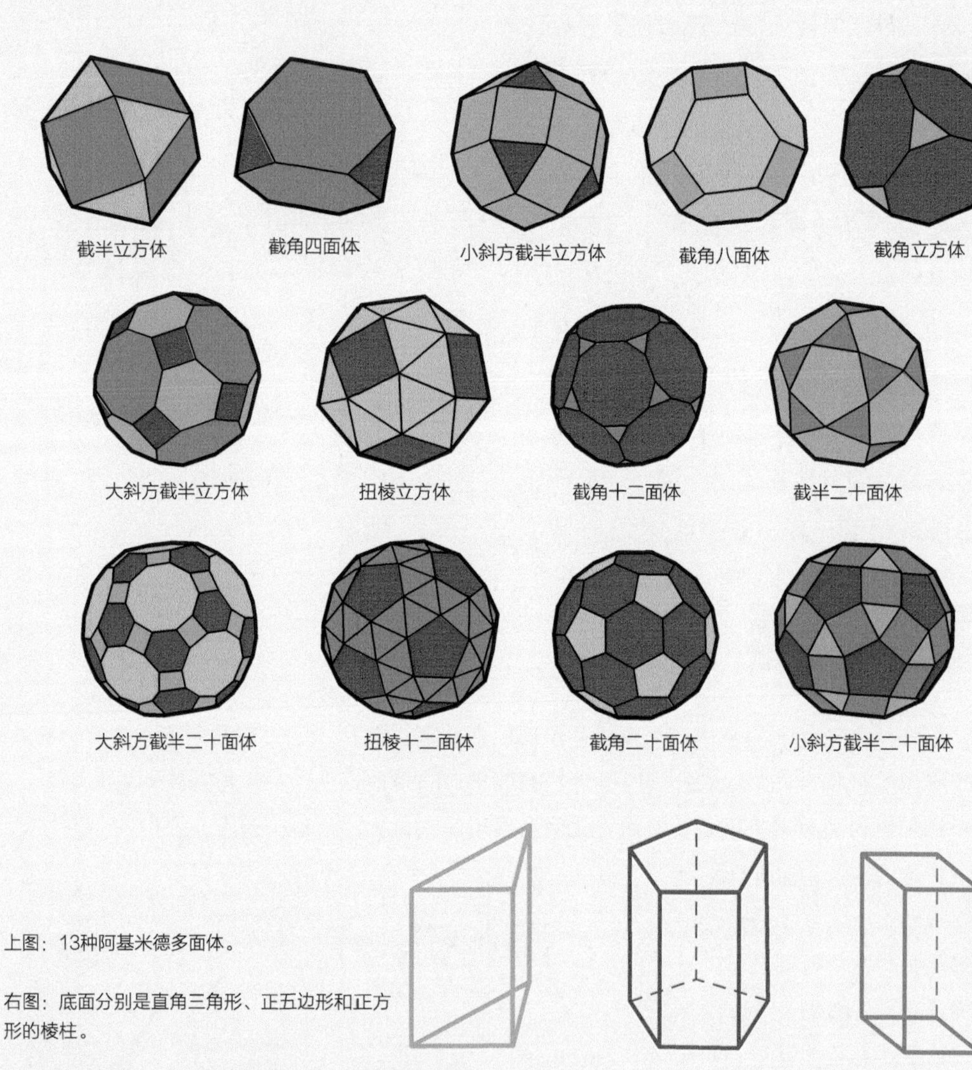

上图：13种阿基米德多面体。

右图：底面分别是直角三角形、正五边形和正方形的棱柱。

下图：反棱柱示例，上下底面由全等三角形连接。

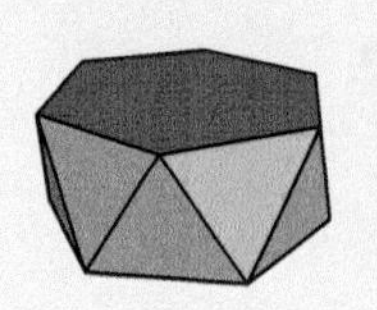
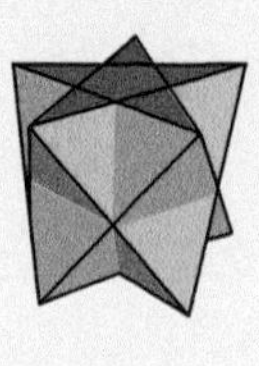
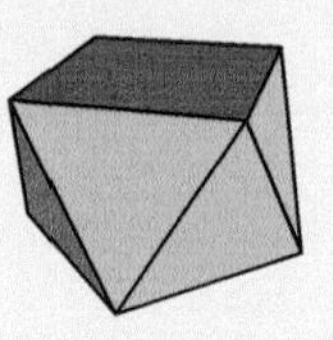

参见：
▸ 填充空间，第90页
▸ 晶体，第134页

《忧郁症Ⅰ》之谜

许多艺术家在作品里用到多面体，其中德国的阿尔布雷希特·丢勒对该形状最为痴迷，他不光描绘它们，还发明了一个扭棱立方体。这种形状很难被清晰地画出来，但是丢勒是画出“网格结构”的第一人。网格是个二维形状，可以切割、折叠以构造三维立体形状。所以就算我们看下图（可能背面有个看不见的六边形）还弄不懂扭棱立方体的样子，我们也知道丢勒的想法，因为他给出了其网格结构。然而，1514年，他画了幅奇怪的蚀刻版画，叫作《忧郁症Ⅰ》，里面有个多面体没法用全等形状定义。关于它是什么、意味着什么，人们争论了几个世纪，或许内含谜团，而丢勒并没有给出其网格结构。

阿尔布雷希特·丢勒的《忧郁症Ⅰ》不仅包含谜一样的多面体，还包括其他数学元素，如幻方。

丢勒描绘的扭棱立方体是一种阿基米德多面体。

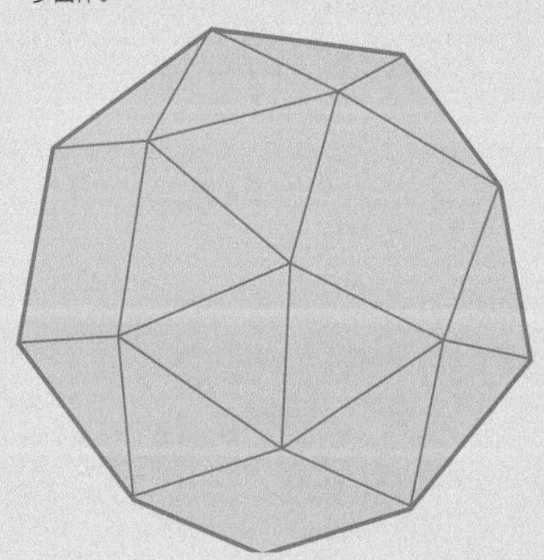

丢勒画的扭棱立方体的原始网格结构。

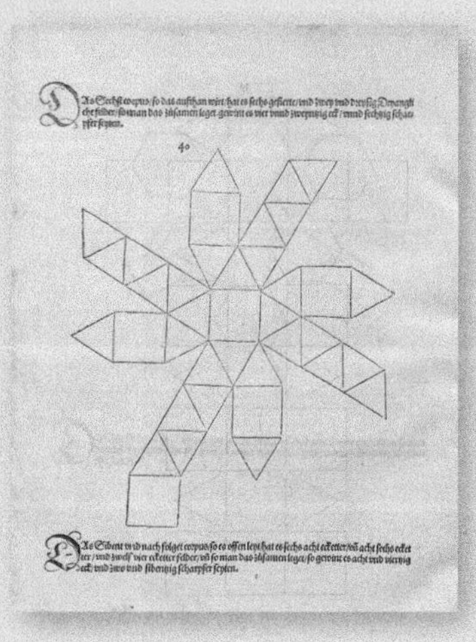

圆锥的秘密

把两个圆锥尖对尖摆好，一刀切下，根据切割角度的不同，截面有 4 种形状。水平切割的截面是一个圆，斜切的截面可能是椭圆、抛物线或双曲线。斜切时，若穿过两个圆锥，截面会形成成对出现的双曲线。

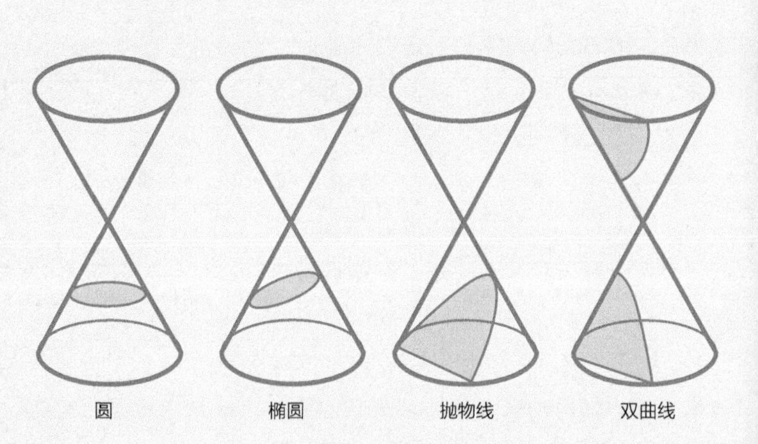

这些形状叫作圆锥曲线族，它们如柏拉图立体一样迷住了早期的数学家。之后代数等其他数学领域发展之时，圆锥曲线的重要性也日益突显。

在古代艺术和工艺品里，圆锥是常见的形状，例如古埃及的花瓶（上图）和在陶土圆锥上刻有神圣文字的苏美尔的宗教祭品（下图）。

关于圆锥

传说圆锥曲线族最初是在大约公元前 350 年，由亚历山大大帝的教师梅内克缪斯研究出来的，而我们对他几乎一无所知。据说亚历山大大帝问梅内克缪斯掌握几何的捷径，梅内克缪斯回答:“国中有皇家大道，也有平民小巷，但是几

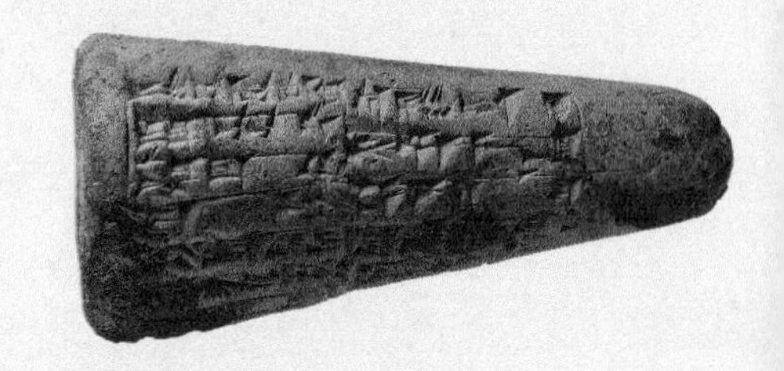

新装备

在 20 世纪中期图形软件开发出来之前，画条圆锥曲线很不容易。17 世纪 50 年代，为了让同事便于工作，荷兰数学家弗兰斯・范・斯科顿（又译为弗兰斯・范・斯霍滕）发明了用两根针和一条绳子画椭圆的方法。但是他不知道怎么用像这么简单的办法来构造抛物线（下左图）或双曲线（下右图）。后来，他用小棍加铰链做成工具解决了这个问题，然后他又做了可以画椭圆的工具（下中图）。

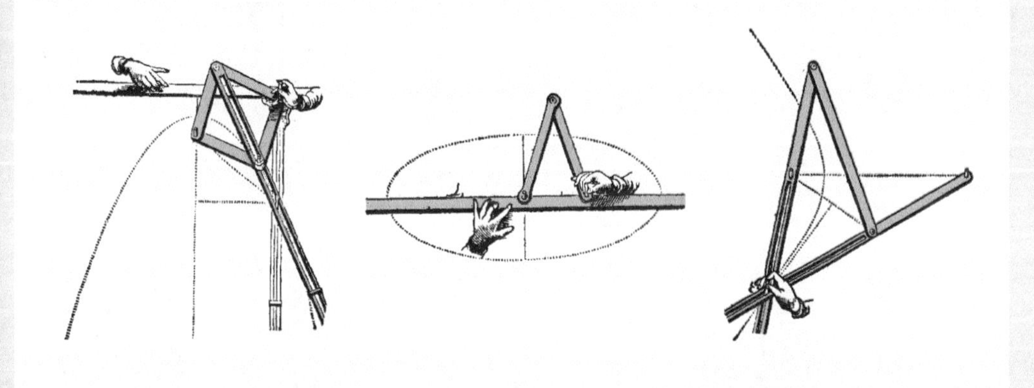

何学上人人都只有一条路。”可惜我们不知道亚历山大的回答是什么。

阿波罗尼奥斯

梅内克缪斯的著作已经全部遗失，我们不知他对圆锥曲线有哪些发现。对这个主题落笔成书、著作 8 卷的，乃是在梅内克缪斯之后约一个世纪生活在佩尔格（又译为佩尔加）的阿波罗尼奥斯。与别的古希腊人不同，我们对他较为了解，因为他给自己写了个小传。在他的记述里，他与几何学研究伙伴诺克拉底斯相处了一段时日，应他的要求写下此书。阿波罗尼奥斯在诺克拉底斯离开之前完稿 8 卷——可能诺克拉底斯是游学到此处的。

椭圆越扁，离心率越大。红点是焦点。椭圆的离心率越大，两个焦点相距越远。

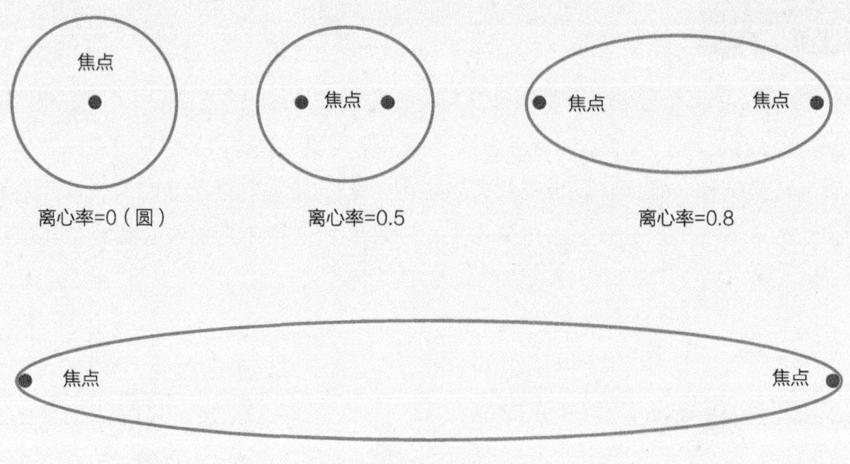

椭圆

太阳系里所有行星和大部分彗星的运动轨迹均为椭圆，所有卫星也是（17世纪时由开普勒发现）。有的椭圆很圆，有的很扁。椭圆的形状可用离心率（参见上图）度量。用两根针把一条绳子钉在板上，用铅笔拉直绳子画个圈，就可以得到椭圆。针的位置在椭圆的焦点上。卫星环绕地球运动的轨迹都是以地球为其中一个焦点的椭圆。小的天体环绕大的天体运动都是这样的轨迹。圆锥曲线至少有一个焦点。例如，圆的焦点就是圆心。

顶点与准线

圆和椭圆都是围绕着一块有限区域的封闭曲线，其长度给定，而抛物线和双曲线是分割无穷空间的无限长的曲线。抛物线把空间一分为二，双曲线把空间一分为三。我们画出来就知道它们更复杂了。两者都有焦点，但是我们还需要其他条件才能度量。这条用作度量的线叫作准线，离抛物线或双曲线的顶端还有一定距离。曲线上离准线最近的点叫作顶点。

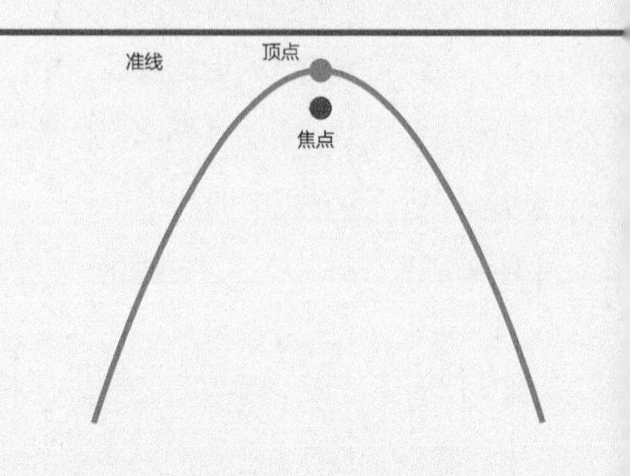

度量抛物线的3个参数是焦点、顶点、准线。

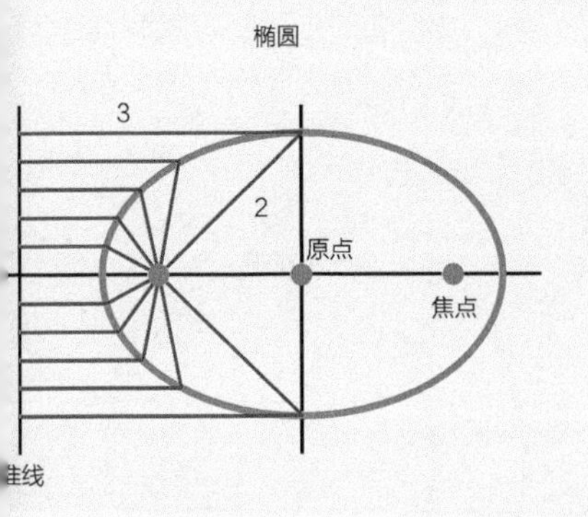

椭圆上的点离焦点更近，离准线更远。上图椭圆上某一点到焦点的距离与到准线的距离的比是2：3。

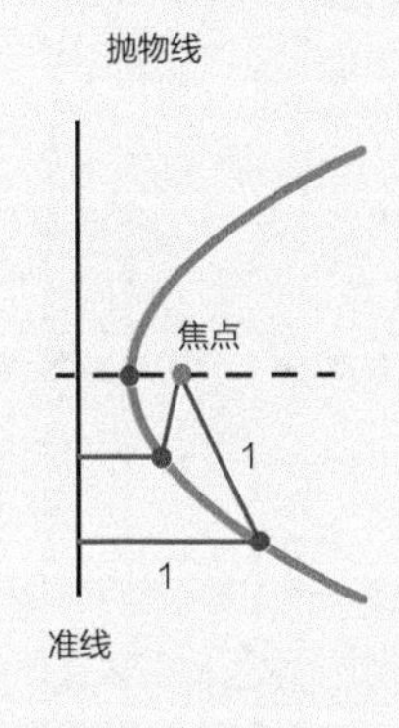

抛物线上的点离焦点与准线一样远。

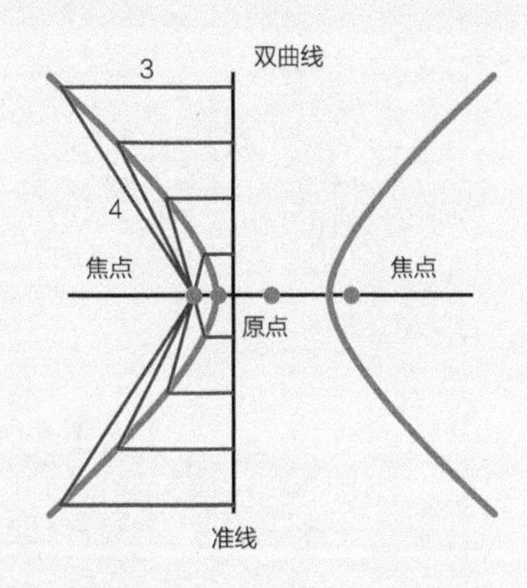

双曲线上的点离准线更近，离焦点更远。上图双曲线上某一点到焦点的距离与到准线的距离的比是4：3。

无须圆锥

圆锥曲线族有趣又有用，但是靠切两个圆锥来构造它们则难懂又难做。所幸通过准线与顶点这两个条件我们可以得出构造圆锥曲线的简单方法。如果画这么一条线，线上每个点到焦点的距离是到准线距离的 2/3，那么这条线就是椭圆；如果每个点离焦点和准线的距离是一样的，这条线就是抛物线；如果每个点到焦点的距离是到准线的距离的 4/3，这条线就是双曲线。画图的过程不容易，不过还是可以手绘的。

穿过空间的轨迹

对空间科学家来说，抛物线与椭圆一样有趣。如果小天体靠近了大天体但又没按照椭圆轨迹运动，后者的引力就会让前者沿抛物线运动。另外，望远镜的镜片从侧面看呈抛物线形，这在卫星天线或射电望远镜上很容易看出来。原因是抛物线可以把远处天体的光（或者其他的波）反射到焦点上（换言之就是可以聚光）。焦点上要放另一个装置——相机或人眼——来检测光线，捕获影像。

弹道

子弹或炮弹在空中沿近似的抛物线运动。抛物线之所以是近似的，是因为空气阻力把抛物线弄“窄”了一点点。理论上，它们在没有空气的月球上可以按真正的抛物线轨道运动，除非飞得太快，使运动轨迹成了圆或椭圆。这是艾萨克·牛顿发现的。他在自己最有名的著作《自然哲学的数学原理》里讨论以不同速度发射加农炮弹时阐述了这个思想。

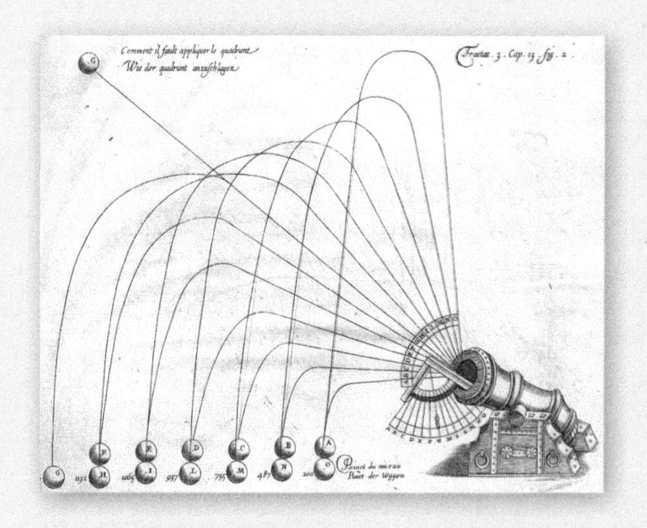

加农炮弹沿直线飞出（到顶）的旧观点被沿曲线飞出（到地）的正确观点取代。伽利略的这个发现用于发展火炮瞄准技术。

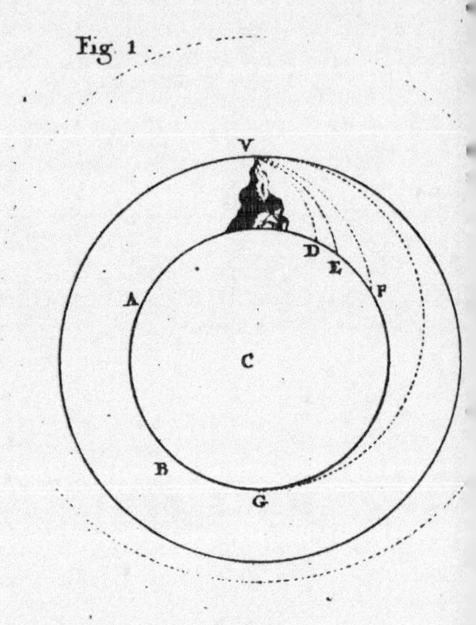

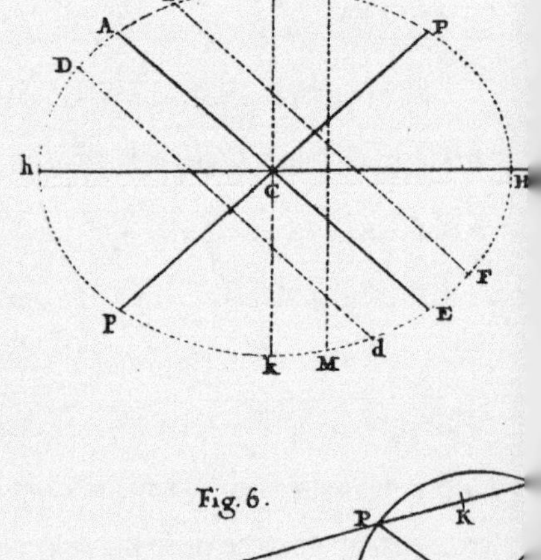

牛顿在他1687年出版的关于引力和运动的著作《自然哲学的数学原理》的最后几页画满了插图，包括加农炮弹（上图），它展示了飞行物的椭圆轨迹和抛物线轨迹。

我们的椭球家园

正如三维的“圆”是个球，椭圆也有相应的三维版本，叫作椭球。另外，正如椭圆有形形色色的，椭球也有各种各样的，最重要的两种是长球体和扁球体。

扁球体是把一个椭圆绕短轴旋转，得到的一个“橘子”的形状——类似地球。地球的引力倾向于把它拉成球体，但是自转使它在赤道处凸出，从而改变了这种形状。如果你原地旋转——例如溜冰时原地转圈，也会倾向于把你的手臂向外伸直，原理是一样的。如果椭圆绕长轴旋转，就构成了一个长球体。橄榄球、蛋类和一些水果就是这种形状。

自然界中存在的完美的球体非常稀少。相反，大部分球体都是椭球，无论是长球体（上图）或是像地球一样中间宽、两极扁的扁球体。

瞄准火炮

牛顿的研究成果诞生几十年之前，16世纪90年代，意大利科学家伽利略·伽利雷解出了抛射物在无空气阻力的情况下沿水平面飞行的曲线。抛物线的几何形状是已知的，这对伽利略大有裨益，因为那时还没有发明研究物体移动的数学工具（是牛顿研发的）。伽利略的发现推翻了从古希腊直到他所生活的时代许多科学家还接受的观点。他们的观点是抛射物沿直线轨迹运动，发射的力用光了抛射物就直线掉落。真相非常重要，因为它可以帮助火炮瞄准并打击远距离目标。双曲线在自然界中并不常见，但是有些高速的彗星沿双曲线轨迹绕太阳运动。

参见：
- 圆与球，第14页
- 几何+代数，第96页

欧几里得的革命

传说亚历山大的欧几里得生活在公元前4世纪~公元前3世纪。

欧几里得在几何学史上是重中之重的人物，其地位无人能及。与许多古希腊人一样，他的生平我们并不知晓，唯有其大作《几何原本》传世。《几何原本》是世上最伟大的著作之一。近 2000 年间的学生和学者都用欧几里得的《几何原本》学习数学。

《几何原本》如此重要，主要有两大原因。首先，它囊括了欧几里得所生活的时代几乎全部的几何学知识，包括 465 个命题、119 个定义、5 条公理、5 条公设；另外，它还引发后人定义了研究数学的方法。欧几里得不是简单地列举命题，他还进行了证明——全都证明了。对他来说，简单地测量给定三角形的内角和是不够的，他还得出结论，既然内角和总是等于两倍的直角，那么对于任意三角形必然也是如此。在这件事上，谁知道以后会不会冒出一个狡黠的数学家，找出一个内角和等于 3 倍直角的三角形呢？

数学的基础

我们即使用现代的工具也无法画出一个完美的三角形。在欧几里得所生活的时代，人们通常在沙地上画图，所以大部分三角形并不完美，角度也测量得不精确。欧几里得的天才想法在于公设的思想，它们是众多定理依赖的基础命题。欧几里得只提了 5 条必要的公设，其中 4 条显而易见，但人们很少提及，

BOOK I. PROP. XV. THEOR. 15

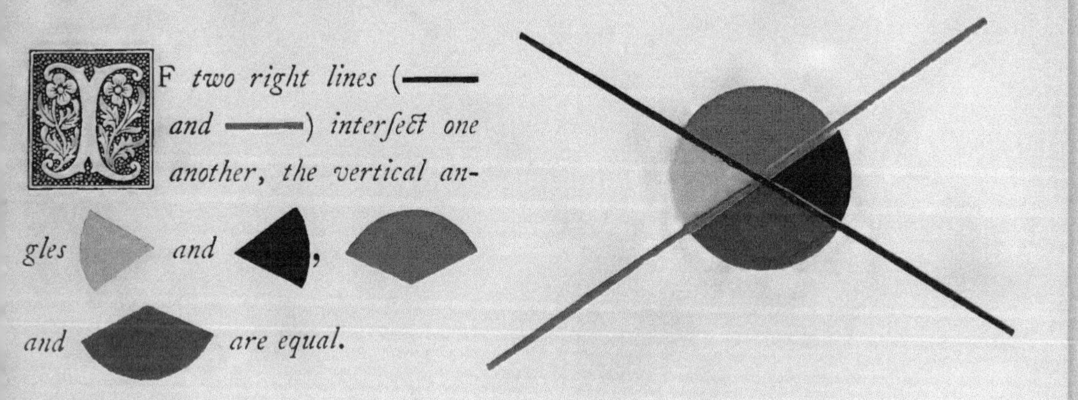

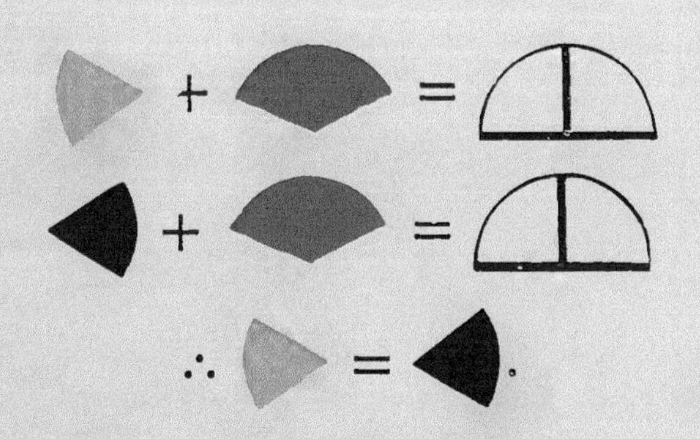

In the ſame manner it may be ſhown that

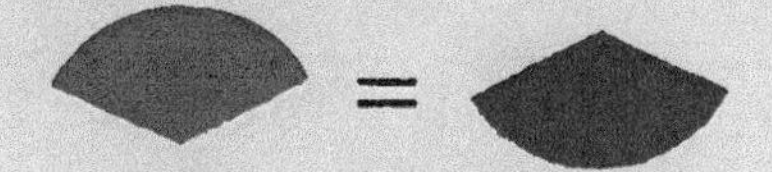

Q. E. D.

定 理

定理就是可以证明的命题。在古希腊时代之前，人们都不考虑去证明数学命题；在欧几里得之前，也没多少人把它当回事。欧几里得要求新命题都得证明，这是当今数学和科学各个领域的基础。

1847年，《几何原本》的彩图版出版。本页展示了欧几里得的一个简单证明。

它们是：①给定任意两点可以连成一条直线；②任意直线可以无限延伸；③任给一点作为圆心，任选长度作为半径，都可以画一个圆；④直角都相等。

尺规作图

对欧几里得来说，画图就是用两件简单工具做的事：一个圆规和一把直尺。他限定自己只用这些工具，因为全古希腊的数学家都只用这些，也因为这样能轻易检验他是否做对了。当时的直尺不像现代的直尺有刻度，因为那时的数学家并不依赖数字搞研究。数个世纪前，毕达哥拉斯（或者他的某位门徒）发现了既不能全部写出，又不能在尺子上标记，也不能用分数表达的数字无理数。“无理数”之一就是 2 的平方根，大致等于 1.41421356，谁也不知道、谁也得不出它的精确值。这离数学家知晓无理数还有几个世纪之遥。

欧几里得在如下所示的图中展示如何平分角。

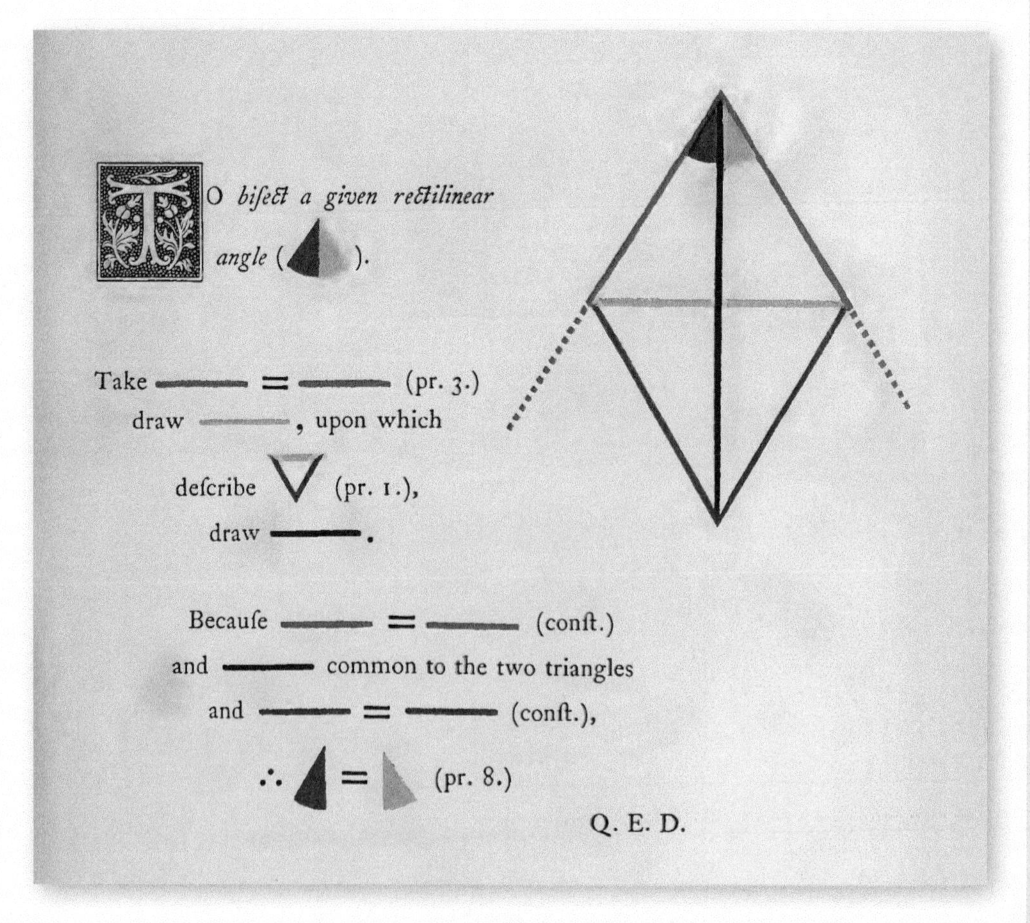

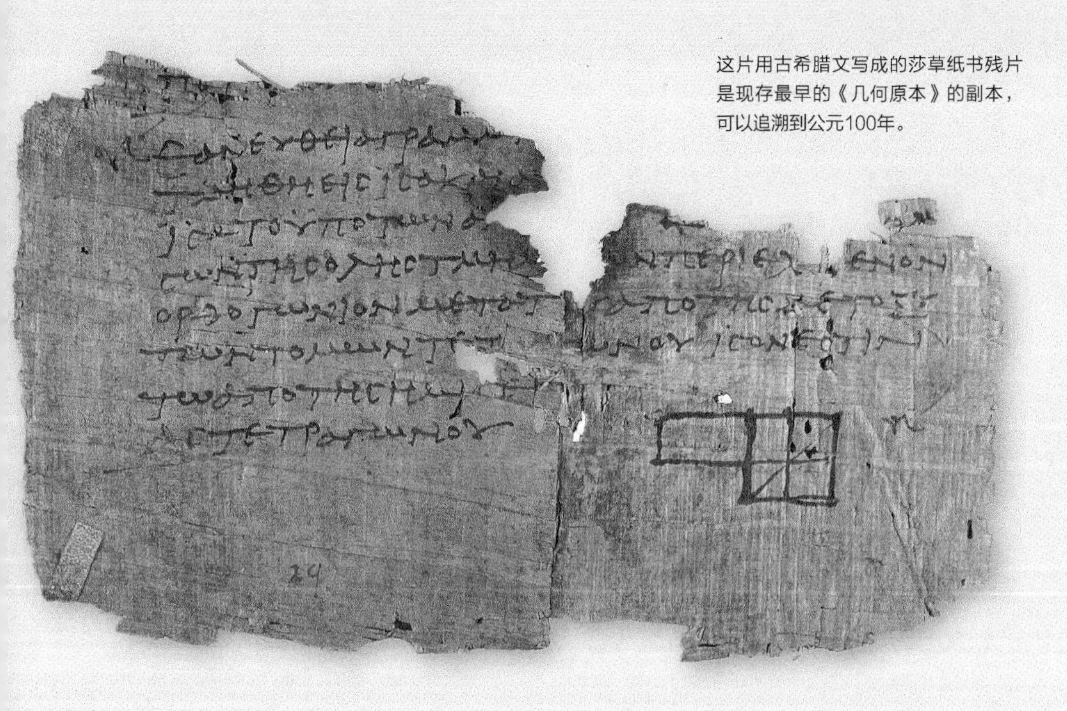

这片用古希腊文写成的莎草纸书残片是现存最早的《几何原本》的副本，可以追溯到公元100年。

游戏规则

欧几里得在担心什么呢？一个是其他人“我可不信”这样的抬杠。以埃拉托色尼（又译为埃拉托斯特尼）为例，他利用几何学知识得出了地球到太阳的距离（见第50页）。如果有人说“我不信几何学能这么神奇，什么线都伸不到太阳，所以我不同意你的结论”，那么欧几里得就可以回答：“如果你接受我的公理，包括任意直线可以无限延伸，那你就得接受我的结论。公理嘛，信不信由你，我可不证明。无论你选哪样，我们都不用再争论了。”所以，从某种意义上说，公理像是“几何游戏”的规则——如果你要玩欧几里得的游戏，就能学到很多知识，但是前提是得接受规则。对于公理，另一个要点是，在清晰的定义之下，欧几里得别无所求。即使是最复杂的证明也是基于公理的，一小步一小步、富含逻辑地证明，禁得住推理。这意味着这些复杂的证明与公理一样可靠。

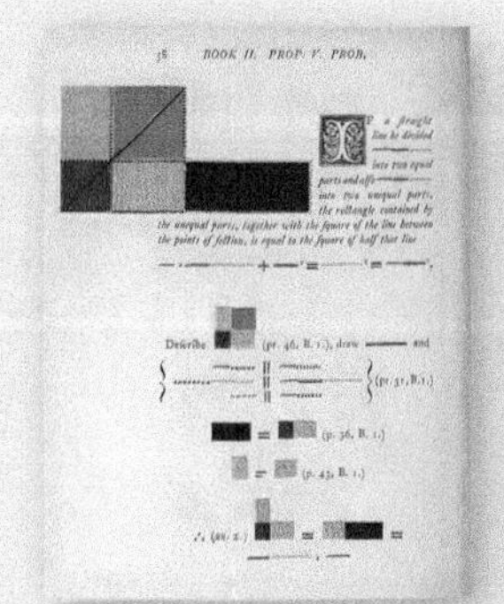

58 BOOK II. PROP. V. PROB.

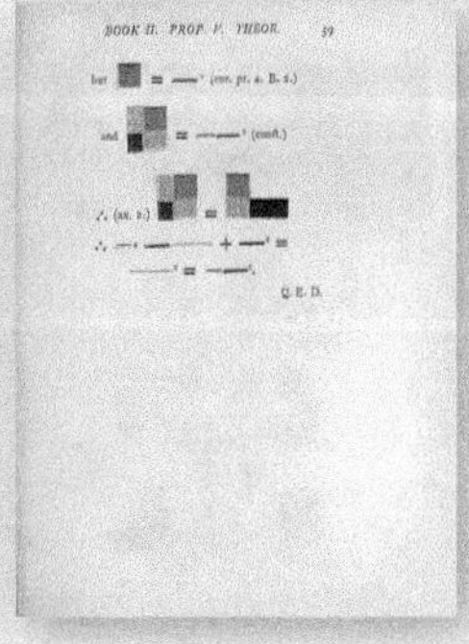

BOOK II. PROP. V. THEOR. 59

上图残卷中的全文。

白璧微瑕

毫无疑问，欧几里得让世界变得更美好，但是《几何原本》有 3 个问题，带来了深远的影响。第一个问题是《几何原本》里有少许错误。但这没什么大不了的，它提醒人们，即使伟大的欧几里得也会犯错，那别人更得小心谨慎了。事实上，这些错误用欧几里得的公理和方法就能找出，恰恰说明了这些公理和方法很厉害。不盲从圣贤，只看证明，也是很有用的一课啊！第二个问题是欧几里得的有些证明没必要那么复杂，而有些说得没那么清楚。所以用这本书教学就很难，这也正是现今的人不用它学几何的主要原因。

大问题

《几何原本》的第三个问题就大了：欧几里得的第五公设比起其他的公设并没有那么显而易见。第五公设阐述的方式有很多，最简单的是“给定一条直线，只有一族直线与之平行”。这个公设听着简单，也没错。用直尺画一条直线，你还能再画一条与之平行的线。你可以画很多条平行线，但它们也都彼此平行，那就是说，它们是“一族直线”。画一条线与其他那些线都不平行，但是与原始的线平行，这难以想象。如此，你可以说它跟三角形内角和为两倍的直角那个命题挺像，因为谁也找不出内角和大于或小于两倍直角的三角形，但不能说这种三角形就不存在。这个三角形

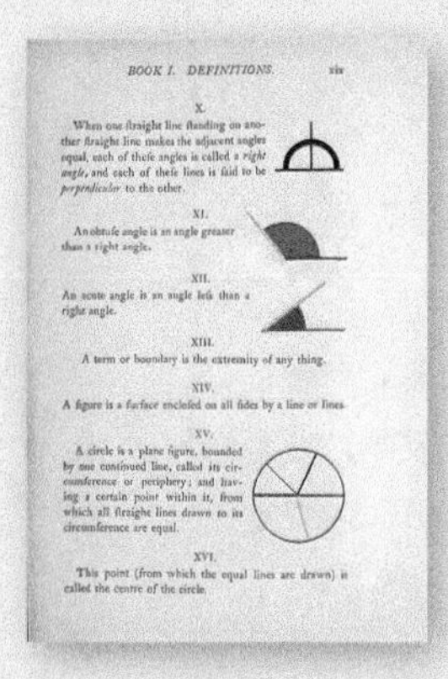

BOOK I. DEFINITIONS. xix

X.

When one ſtraight line ſtanding on another ſtraight line makes the adjacent angles equal, each of theſe angles is called *a right angle*, and each of theſe lines is ſaid to be *perpendicular* to the other.

XI.

An obtuſe angle is an angle greater than a right angle.

XII.

An acute angle is an angle leſs than a right angle.

XIII.

A term or boundary is the extremity of any thing.

XIV.

A figure is a *ſurface* encloſed on all ſides by a line or lines.

XV.

A circle is a plane figure, bounded by one continued line, called its circumference or periphery; and having a certain point within it, from which all ſtraight lines drawn to its circumference are equal.

XVI.

This point (from which the equal lines are drawn) is called the centre of the circle.

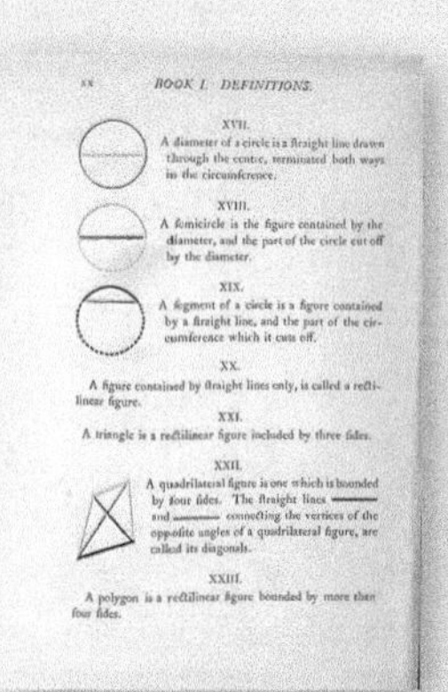

xx BOOK I. DEFINITIONS.

XVII.

A diameter of a circle is a ſtraight line drawn through the centre, terminated both ways in the circumference.

XVIII.

A ſemicircle is the figure contained by the diameter, and the part of the circle cut off by the diameter.

XIX.

A ſegment of a circle is a figure contained by a ſtraight line, and the part of the circumference which it cuts off.

XX.

A figure contained by ſtraight lines only, is called a rectilinear figure.

XXI.

A triangle is a rectilinear figure included by three ſides.

XXII.

A quadrilateral figure is one which is bounded by four ſides. The ſtraight lines ——— and ——— connecting the vertices of the oppoſite angles of a quadrilateral figure, are called its diagonals.

XXIII.

A polygon is a rectilinear figure bounded by more than four ſides.

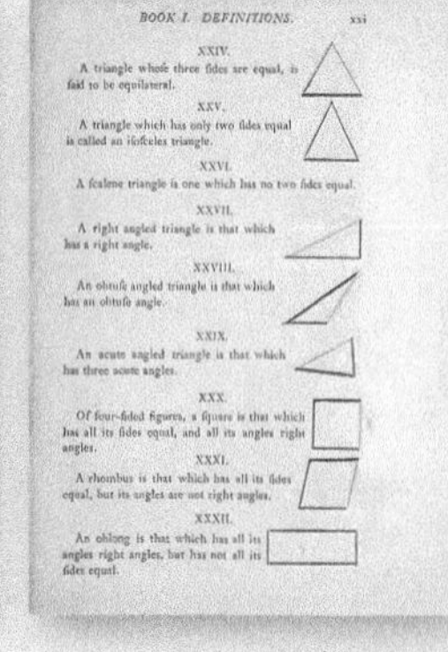

BOOK I. DEFINITIONS. xxi

XXIV.

A triangle whoſe three ſides are equal, is ſaid to be equilateral.

XXV.

A triangle which has only two ſides equal is called an iſoſceles triangle.

XXVI.

A ſcalene triangle is one which has no two ſides equal.

XXVII.

A right angled triangle is that which has a right angle.

XXVIII.

An obtuſe angled triangle is that which has an obtuſe angle.

XXIX.

An acute angled triangle is that which has three acute angles.

XXX.

Of four-ſided figures, a ſquare is that which has all its ſides equal, and all its angles right angles.

XXXI.

A rhombus is that which has all its ſides equal, but its angles are not right angles.

XXXII.

An oblong is that which has all its angles right angles, but has not all its ſides equal.

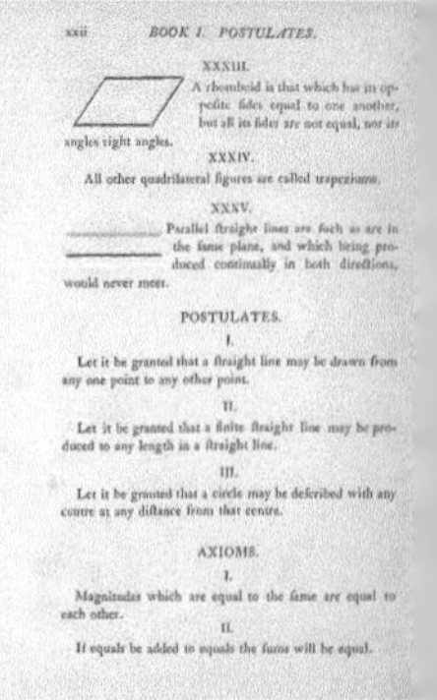

xxii BOOK I. POSTULATES.

XXXIII.

A rhomboid is that which has its oppoſite ſides equal to one another, but all its ſides are not equal, nor its angles right angles.

XXXIV.

All other quadrilateral figures are called trapeziums.

XXXV.

Parallel ſtraight lines are ſuch as are in the ſame plane, and which being produced continually in both directions, would never meet.

POSTULATES.

I.

Let it be granted that a ſtraight line may be drawn from any one point to any other point.

II.

Let it be granted that a finite ſtraight line may be produced to any length in a ſtraight line.

III.

Let it be granted that a circle may be deſcribed with any centre at any diſtance from that centre.

AXIOMS.

I.

Magnitudes which are equal to the ſame are equal to each other.

II.

If equals be added to equals the ſums will be equal.

的命题不是公理，是个定理，是要证明的。欧几里得自己似乎也意识到，他的第五公设并不像其他公设那么令人满意，他和其他许多人试图用另外4个公设来证明它，但是谁也没证明出来。

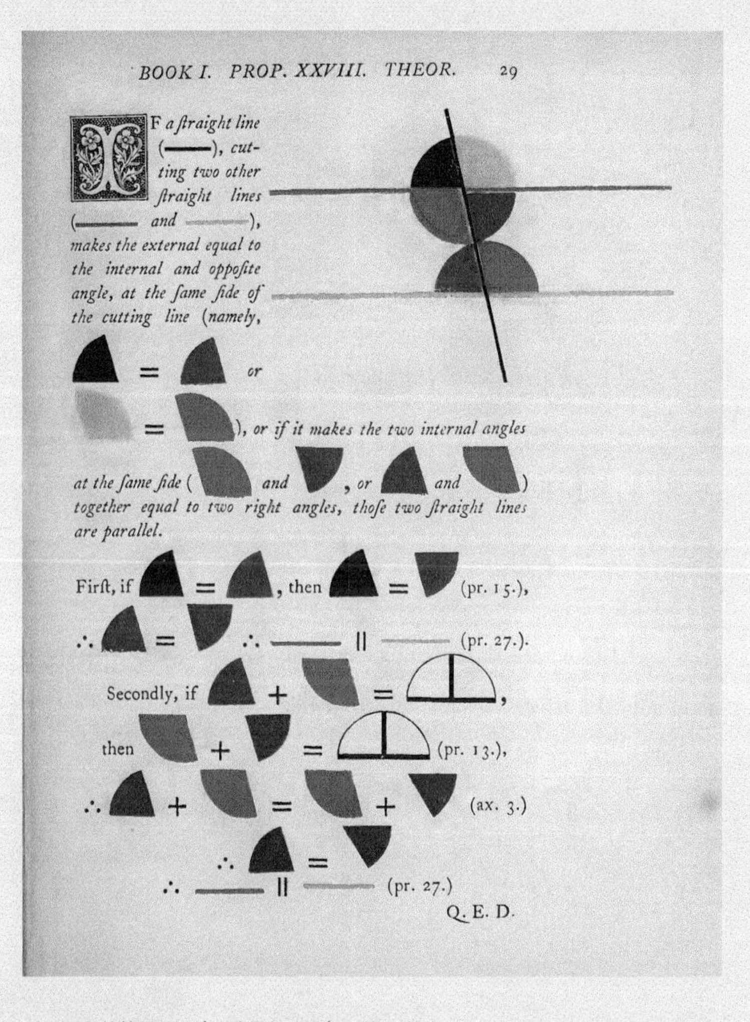

BOOK I. PROP. XXVIII. THEOR. 29

If a ſtraight line ( ), cutting two other ſtraight lines (and), makes the external equal to the internal and oppoſite angle, at the ſame ſide of the cutting line (namely, = or =), or if it makes the two internal angles at the ſame ſide (and , or and) together equal to two right angles, thoſe two ſtraight lines are parallel.

Firſt, if = , then = (pr. 15.),

∴ = ∴ || (pr. 27.).

Secondly, if + = ,

then + = (pr. 13.),

∴ + = + (ax. 3.)

∴ =

∴ || (pr. 27.)

Q. E. D.

欧几里得的第五公设（又称平行公设），他无法对其加以证明，这引起了2200年后的几何学革命。

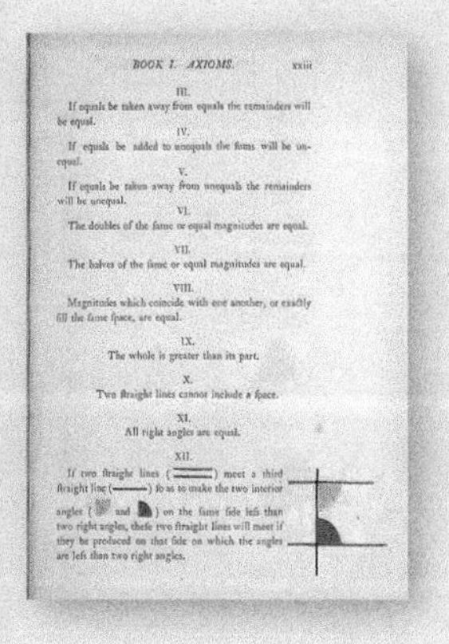

BOOK I. AXIOMS. xxiii

III.

If equals be taken away from equals the remainders will be equal.

IV.

If equals be added to unequals the ſums will be unequal.

V.

If equals be taken away from unequals the remainders will be unequal.

VI.

The doubles of the ſame or equal magnitudes are equal.

VII.

The halves of the ſame or equal magnitudes are equal.

VIII.

Magnitudes which coincide with one another, or exactly fill the ſame ſpace, are equal.

IX.

The whole is greater than its part.

X.

Two ſtraight lines cannot include a ſpace.

XI.

All right angles are equal.

XII.

If two ſtraight lines ( ) meet a third ſtraight line ( ) ſo as to make the two interior angles (and) on the ſame ſide leſs than two right angles, theſe two ſtraight lines will meet if they be produced on that ſide on which the angles are leſs than two right angles.

欧几里得的《几何原本》的前几页包含数十条基于五大公理的定义。

参见：
- 三角形与三角学，第56页
- 非欧几何，第128页

埃拉托色尼度量地球

埃拉托色尼是时代之先锋。他下定决心，要研究整个地球，并绘制了最早的地图；他是地理学的奠基人，名垂青史。在那个年代，他还有个卓尔不群之处，是用数字来记录现实。前人总说往昔怎样怎样，但他率先用确切的日期来记录历史。他还决心用数字来表示地球的尺寸。

地球之大，万亿倍于人，埃拉托色尼没法直接度量。特别是那时（大约在公元前250年），谁也不知道地球是不是圆的，没法环球路测。有人认为旅行者走到大地边缘就会掉下去（1799年，有考察队沿着地球圆周走了其周长约1/4的路程）。

几何学的妙用

埃拉托色尼的方法很简单，但是极具智慧。首先，假设太阳在很远处，即可以认为是在无穷远处。其次，要求在相隔数百千米的两地同时测量。在那个年代，最快也要花好几天才能走这么远的距离。然而，埃拉托色尼在埃及北部的家里足不出户就度量了地球圆周的周长。

太阳的位置

埃拉托色尼知晓如何在地球上找到夏至那天太阳在正午直射的地方——办法就是看看井里！当阳光可以直射井底时，表明此刻太阳位于井口的正上方。

阳光直射井底表明太阳位于井口正上方。

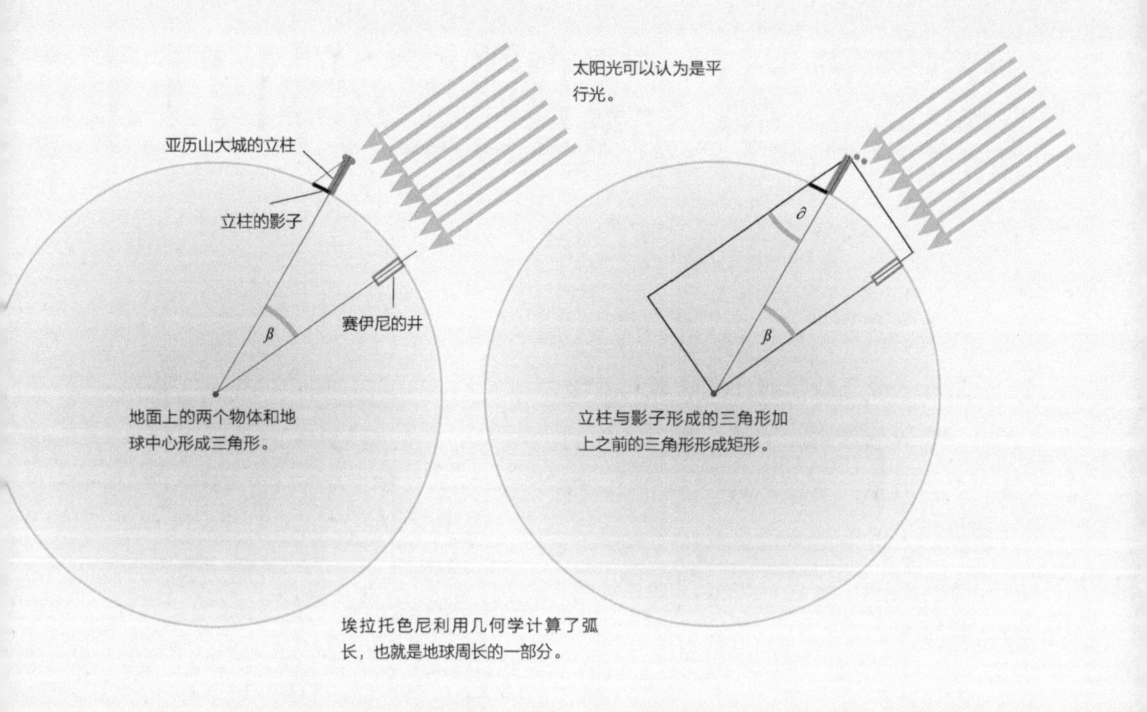

双城

埃拉托色尼知道赛伊尼（今埃及阿斯旺）有一口井，在夏至时会出现太阳光直射井底的现象。埃拉托色尼从未离开过位于亚历山大城的家，他询问了去赛伊尼的骆驼商队到那里有多远。人家告诉他是 5000 斯塔德（古希腊长度单位）那么远。中午，他测量了亚历山大城一根竖直的立柱的影子长度，称其为日晷，然后利用三角形得出了答案。埃拉托色尼度量了立柱与阴影之间形成的夹角（∂），发现是 7°，以此找到了亚历山大城与赛伊尼在地球上的这段弧对应的夹角 β。再画几条线，得到一个矩形，包含两个全等的直角三角形。所以角 β 与角 ∂ 是相等的，角 β 也是 7°。7° 对应圆周的一部分，也就是弧长，可表示为 7° / 360° ≈ 1/50。

最终图形

以上说明地球的周长约为亚历山大城与赛伊尼距离的 50 倍——250000 斯塔德，或者说 40233 千米，非常接近现在的测量值，令人震惊。埃拉托色尼在数学的其他许多领域也有贡献，并且是当时世界最大的知识宝库亚历山大图书馆的“掌门人”。

参见：
- 三角形与三角学，第56页
- 球形世界的平面地图，第82页

阿基米德的应用几何

阿基米德在数学的许多领域有突破之功，他对图形尤其钟情。其实，他的临终之言就是“不要踩踏我的圆”。这句话是对入侵阿基米德居住的叙拉古的罗马士兵说的。士兵就地残忍地杀害了这位伟人。

阿基米德的最后时刻。图中展示了古希腊形制的圆规（见第64页），旁边是在沙地上画的几何图形。

这场杀戮发生在公元前212年，在此之前罗马军队围城叙拉古，久攻不下，阿基米德用他发明的各种武器来防守——有“沉船之爪”（借助滑轮和支点组成的起吊系统），还有“聚焦之光”（一种凹面镜）。阿基米德与叙拉古国王希伦二世沾亲带故。有一天，希伦怀疑金匠制作的王冠用的不是纯金，掺杂了廉价金属，就请阿基米德帮忙确认。因为银比金轻，阿基米德就想到一定体积的金银混合物比同体积的纯金要轻。所以，如果他知道王冠的体积，就可以称一下再与同体积的纯金进行比较了。

浴中奇遇

阿基米德可以通过几何学得知立方体等简单形状的体积，但是对于王冠这么复杂的形状，应该怎么办呢？这个问题在他泡澡时迎刃而解。阿基米德浸入水中，有些水溢出盆外。阿基米德意识到如果一开始盆里注满了水，他完全浸没的话，那么溢出水的体积恰好就是他自身的体积。如果把王冠浸在水里再测量溢出水的体积，就可以得到王冠的体积。阿基米德大喜过望，穿街大呼：“尤里卡（‘尤里卡’的意思是‘我发现啦’）！”

这幅蚀刻版画表现了在著名的“尤里卡时刻”之后，阿基米德在浴室里安装了测王冠排水体积的装置。这个发现也让阿基米德能够解释物体浮沉的现象。

构造机器

当时实操都是奴隶动手干的，数学家无意在这上面动脑筋。但阿基米德的做法不同。在去古埃及的旅途中，他发现了一种三维螺旋有很实际的用途并着迷于此：把三维螺旋嵌在一个圆柱里并使其转起来，可以用来泵水。阿基米德把这种泵引入了叙拉古，如今它被称为阿基米德螺旋泵（参见下图）。

多边形的新用法

阿基米德应用多边形大大拓展了人们关于 π 的认知。他意识到如果在两个正多边形之间镶嵌一个圆，那么圆的周长一定在两个正多边形周长之间。边

阿基米德螺旋泵

在世界的很多地方都用阿基米德螺旋泵来泵水，直到现在它依然受欢迎。与其他泵不同的是，它能处理带污泥的浊水。医院里用微型阿基米德螺旋泵来输送血液，因为它不像其他泵那样会损伤脆弱的血细胞。

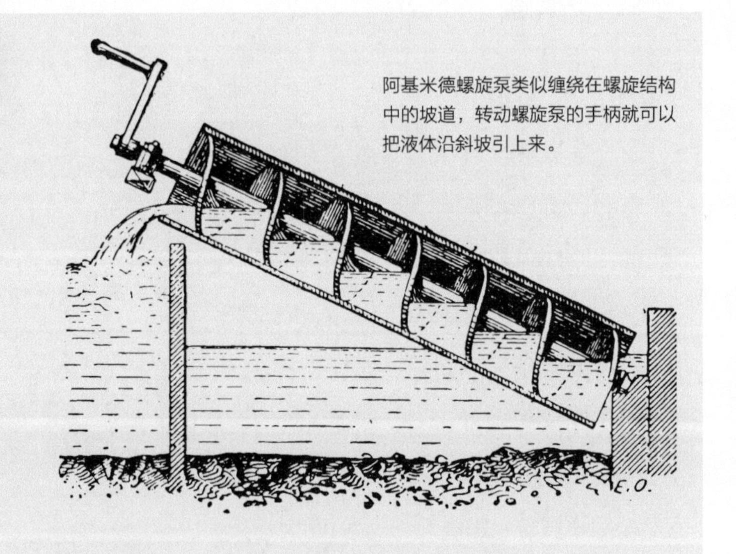

阿基米德螺旋泵类似缠绕在螺旋结构中的坡道，转动螺旋泵的手柄就可以把液体沿斜坡引上来。

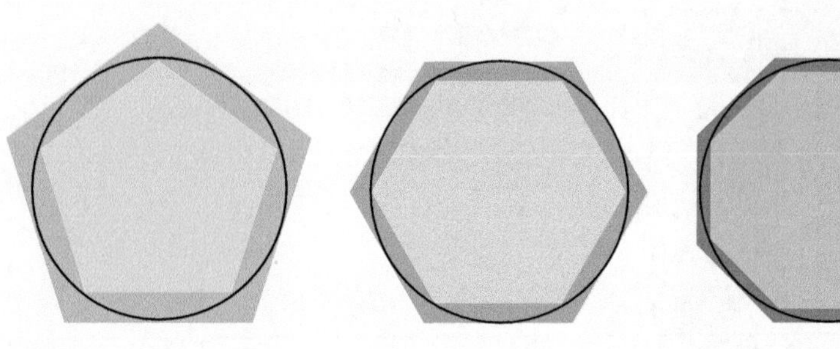

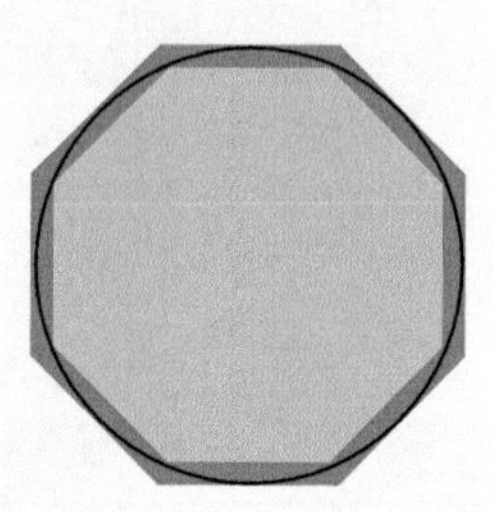

阿基米德把圆镶嵌在两个正多边形之间，以此来计算圆的周长。他无须画出这些结构，计算内外两个正多边形的周长即可。

越多，正多边形越近乎圆。阿基米德最多画出了九十六边形。他算出了这个形状的周长（我们称为 P）之后，得知其差不多就是圆的周长（C）。又知 $C = \pi d$ 成立，其中 d 是圆的直径。所以 $P \approx \pi d$，故 $\pi \approx P/d$。他通过这种方法算得 π 的近似值为 3.14186，与 π 的真实值非常接近。

曲线下的面积

阿基米德的许多发现都是创新的数学专题，几百年间无人超越。或许最出色的一个“作品”是他计算 U 形抛物线（见第 38 页）下面积的方法。第一步是计算内嵌三角形的面积。这样在图 A 中就留下两块黄色的部分。然后他计算嵌在黄色里的两个三角形的面积。这样留下 4 个小黄块，如图 B 所示。如此这般，这与阿基米德估算 π 的过程很相似。但是下一个步骤真是“神来之笔”。

无限求和

阿基米德没有再加 4 个、加 8 个、加 16 个这样往下进行，他把三角形的面积当成一个级数（现在我们称为几何级数），并考虑如果这个级数永远增加下去会发生什么。他用一种快捷的方法，也就是我们如今的“对无穷级数求和”的办法获得了答案。他这样做就能得出抛物线下面积的确切值。这种把形状划分成无穷多份再求和的做法就是积分。这或许是当今数学最厉害的分支。但是 17 世纪以前还几乎没什么发展。

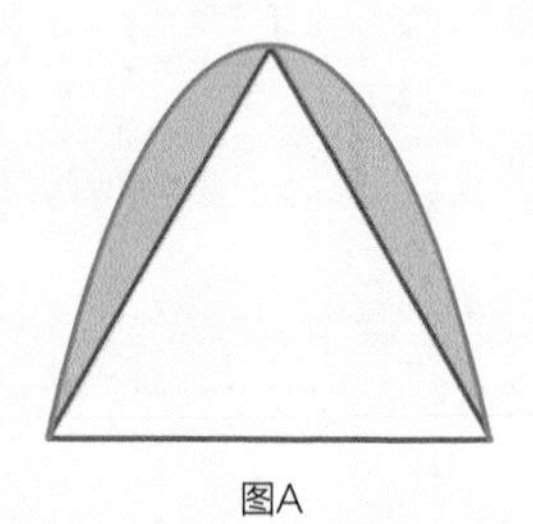

图A

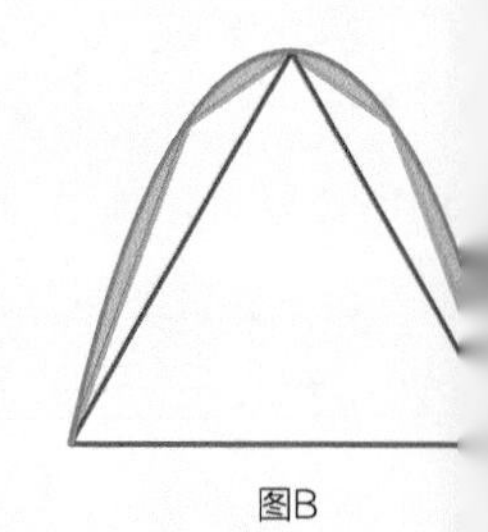

图B

原理

阿基米德的游戏之谜

阿基米德的作品里有个神秘的多巧板，是一种小儿游戏“**Ostomachion**”（意思是“胃”，谁也不知道为什么叫这个名字）。它是把正方形分成 **14** 块，然后人们可以将其重新拼成不同的形状。记录有该游戏的羊皮纸损坏严重（一个中世纪抄写员用它来写祈祷词，几乎把它都磨破了），所以很难知道为什么阿基米德迷上了这个简单的玩意儿。可能的答案直到 **21** 世纪才揭晓。阿基米德研究出了用这个多巧板拼成一个正方形共有多少种方法。**2003** 年，人们发现这个数字是 **17152** 种。这是 **4** 位数学家花了好几周才算出的。阿基米德当时涉足的是如今被称为组合学的数学领域。

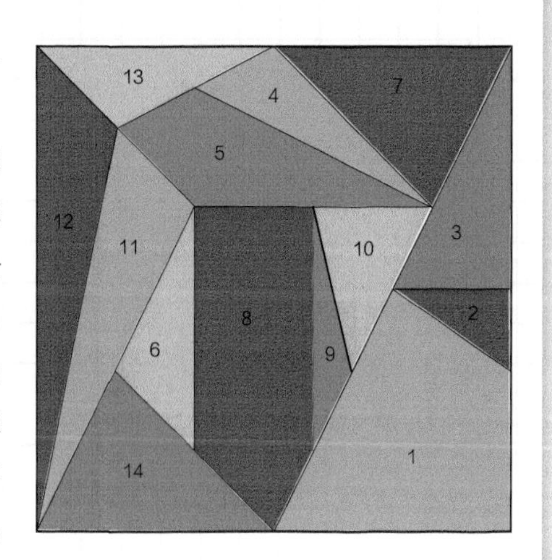

球与圆柱

阿基米德最引以为傲的发现就是球的体积和表面积都分别是其外接圆柱体积和表面积的 2/3。阿基米德逝世一个多世纪之后，人们发现了他湮没于世的坟墓，石碑顶端工工整整地雕刻着一个圆柱和一个球。之后阿基米德之墓又一次湮没于世。

图中是阿基米德顶端有圆柱和球的坟墓，位于意大利西西里岛的巨型火山埃特纳火山的山脚下。

参见：
▶ 螺旋线，第22页
▶ 完美之形，第30页

三角形与三角学

如何测量星空中天体之间的距离呢？这是早期伟大的天文学家之一喜帕恰斯（又译为依巴谷）所关注的问题，他致力于绘制精确的星表。

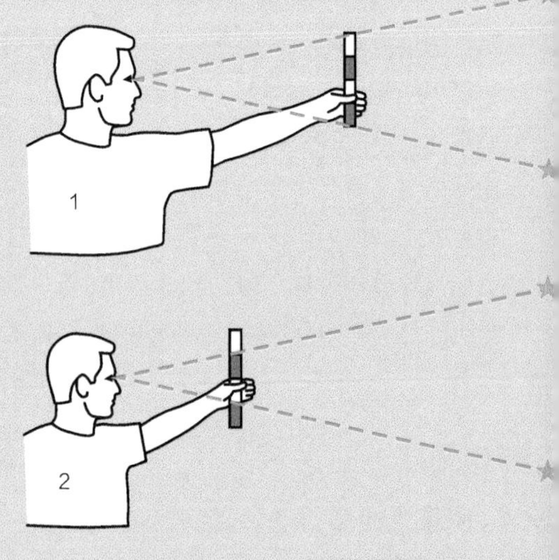

长臂观测者（图1）观测到，两个天体之间的距离是4个单位；而短臂观测者（图2）观测到，两个天体之间的距离是2个单位。

观测星体的方法之一是如右图1和右图2中的观测者那样，举起直尺度量。但此法的问题在于，测量结果受测量者臂长的差异影响。另一种方法是，伸直手臂，双眼沿着手臂看向手所指的一个天体，接着移动手臂位置，双眼沿着手臂看向手所指的另一个天体。测量两次手臂所指方向之间的夹角（见右图3）。此法需要精确测量，但在实际操作时常常出现误差。幸运的是，两种方法之间有一个简单的关联，由喜帕恰斯最先发现（他也被认为是第一位引入度数概念以描述角的大小之人，据说他是从古巴比伦的计数方法中得来的灵感）。

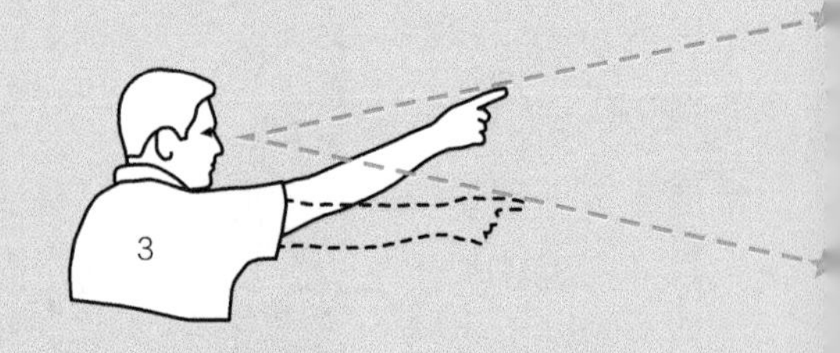

无论观测者的手臂多长、多短，两个天体与观测者之间所成的夹角始终为25°。

观测仪器

首先，喜帕恰斯要测算两个天体与观测者之间所成的夹角。考虑到直杆

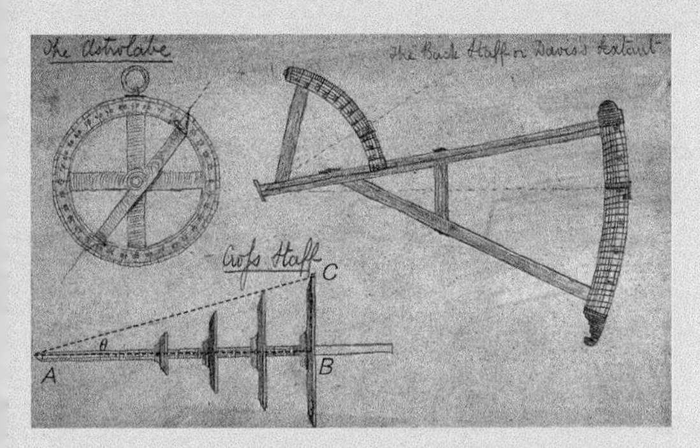

天文学家开发了多种测量天体夹角与位置的仪器。从左上角按顺时针方向，依次是星盘和标尺，它们都是从第三个仪器——直角照准仪发展而来的。这个仪器使观测者易于测量出观测角度的半角值。

比手臂更易于观测，他可能运用了直角照准仪。直角照准仪如上图中的下方图所示，杆与横梁成直角。线段 AB 与 BC 是直角三角形的两条短边，线段 AC 是稍长的斜边。希腊字母“θ”常被用来表示夹角，因为其形状好似一个圆周内横穿一条线段，而（圆心）角的大小其实与圆周上截出的圆弧对应。角 θ 的大小取决于三角形各边的长短，可以用其中两条边的长度之比表示。这涉及三角函数（三角函数是三角学的研究内容，而三角学是研究三角形中边与角的关系的学科），分别是正弦函数（sin）、余弦函数（cos）和正切函数（tan），在三角形 ABC 中其定义如下:

$$\sin\theta = BC \div AC$$
$$\cos\theta = AB \div AC$$
$$\tan\theta = BC \div AB$$

这样，我们就能通过直角照准仪测量出来的各边的长度计算出夹角 θ。因测得的是边 AB 与边 BC 的长度，所以选用正切函数。左图中，边 AB（杆的始端到横梁的距离）长约45厘米，边 BC（横梁长度的一半）长约20厘米。于是，夹角 θ 的正切值 $\tan\theta = 20/45$，约为0.44。

不变的关系

接下来，我们只需要求出正切值0.44对应的角度 θ 即可。这项工作最初是通过绘制和测量三角形完成的，但在三角函数值表制成后，查表即得——喜帕恰斯可能是首位制作此类表格之人，但如果真如此，说明三角函数值表曾遗失很久。现在，计算器、计算机和大多数手机都有内置的正切函数计算功能，直接可得正切值 0.44 对应的角度约为 24°。

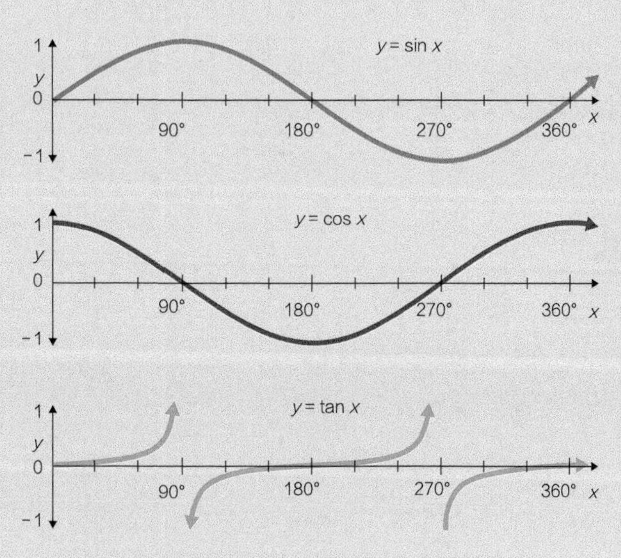

有多种方法可以计算一个角的正弦值、余弦值与正切值。其中，最粗糙但最简单的方法是，从图中读值。

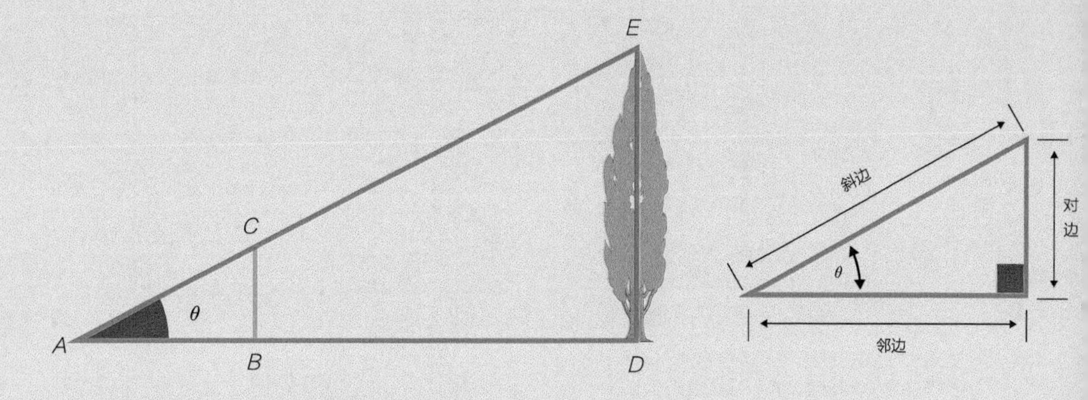

天文学里使用的三角形法也可以用于计算树高。

该值也被称为 0.44 的反正切值。

三角形法求树高

三角形法也用于计算树、建筑物或山的高度。在上图中，垂直柱（*CB*）的位置是这样给出的：站在 *A* 点的人看到树的顶端和柱子的顶端恰好连成一线。通过测量观测者到柱子的水平距离及柱高，我们可以求得角 θ 的正切值，从而求得角 θ 的大小：若 *BC*/*AB* 是 3/4，也就是 0.75，由于 0.75 大约是 36.8° 的正切值，所以可知 θ 角大小。图中还有一个直角三角形 *ADE*，*DE* 是它的一条直角边，其长即树高。同样，角 θ 的正切值等于 *DE* 的长度（也就是树高）除以观测者到该边的距离 *AD*（这很容易由步测得到——不妨设为 100 米）。所以，$\tan\theta = DE/AD$，这意味着 $DE = \tan\theta \times AD$。我们已经知道 $\tan\theta$ 是 0.75，所以这棵树的高度为 0.75×100 米，也就是 75 米。

一般定义

无须对每一个三角形都标注字母符号，通过下式，我们可以直接用边来定义三角函数：

$$\sin\theta = \text{对边} \div \text{斜边}$$
$$\cos\theta = \text{邻边} \div \text{斜边}$$
$$\tan\theta = \text{对边} \div \text{邻边}$$

另外，还有 3 个三角函数分别定义为上述最主要的三角函数的倒数：

$$\sec\theta = \text{斜边} \div \text{对边}$$
$$\csc\theta = \text{斜边} \div \text{邻边}$$
$$\cot\theta = \text{邻边} \div \text{对边}$$

一般三角形

所有三角函数都是通过直角三角形中的边角性质定义的，但是，还存在非直角三角形的一般三角形。

原理

算法

三角函数之间有诸多关联，由此产生的定理和性质在数学、物理和工程等许多领域都有应用。当标识同一个三角形中的多个角时，通常使用字母 A、B 和 C 来表示角，而不再是 θ。有时也用 x 代替 θ。最常用的三角函数公式之一是 $(\sin x)^2+(\cos x)^2=1$，通常写作 $\sin^2x+\cos^2x=1$。还有许多其他的公式，大致分为如下 3 类。

1. 两角和差公式

$\sin(A+B) = \sin A \cos B + \cos A \sin B$

$\sin(A-B) = \sin A \cos B - \cos A \sin B$

$\cos(A+B) = \cos A \cos B - \sin A \sin B$

$\cos(A-B) = \cos A \cos B + \sin A \sin B$

$\tan(A+B) = (\tan A + \tan B) \div (1-\tan A \tan B)$

$\tan(A-B) = (\tan A - \tan B) \div (1+\tan A \tan B)$

2. 和差化积公式

$\sin A+\sin B = 2\sin[(A+B)/2] \cos[(A-B)/2]$

$\sin A-\sin B = 2\cos[(A+B)/2] \sin[(A-B)/2]$

$\cos A+\cos B = 2\cos[(A+B)/2] \cos[(A-B)/2]$

$\cos A-\cos B = -2\sin[(A+B)/2] \sin[(A-B)/2]$

…………

3. 倍角公式

$\sin 2A = 2\sin A \cos A$

$\cos 2A = \cos^2 A-\sin^2 A = 2\cos^2 A-1 = 1-2\sin^2 A$

$\tan 2A = 2\tan A/(1-\tan^2 A)$

…………

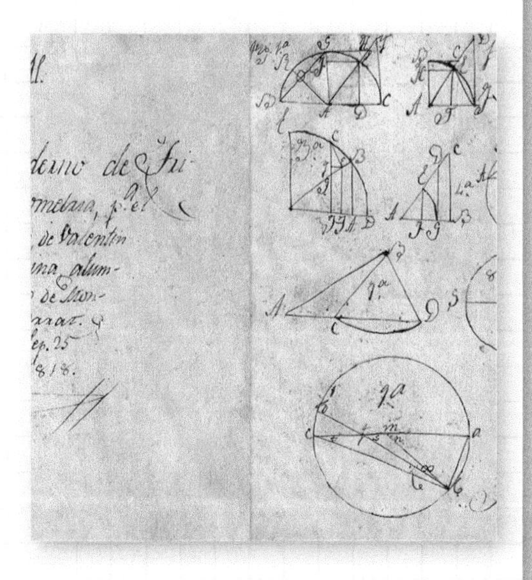

三角形分为 3 类。

等边三角形：所有边等长。

等腰三角形：两边等长。

不等边三角形：任何两边均不等长。

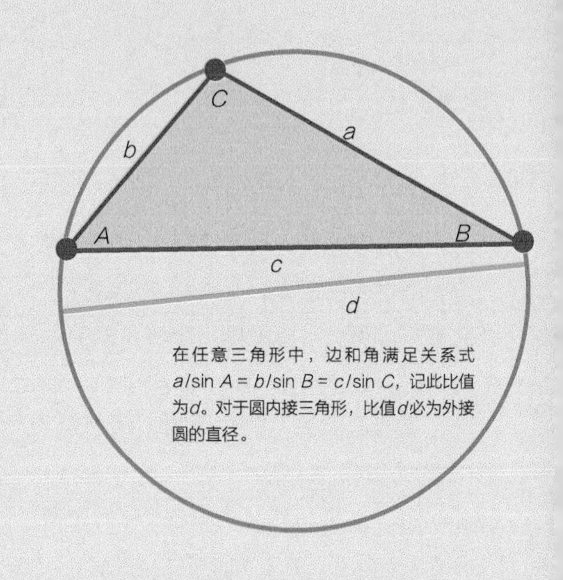

在任意三角形中，边和角满足关系式 $a/\sin A = b/\sin B = c/\sin C$，记此比值为 d。对于圆内接三角形，比值 d 必为外接圆的直径。

由于勾股定理（又叫毕达哥拉斯定理）的一般化结果，一些三角函数公式也适用于任意三角形。某定理指出，对于任何一个直角三角形（如右图所示，边长分别为 a、b 和 c，角分别为 A、B 和 C），三边边长始终满足 $c^2=a^2+b^2$。

缺失的面积

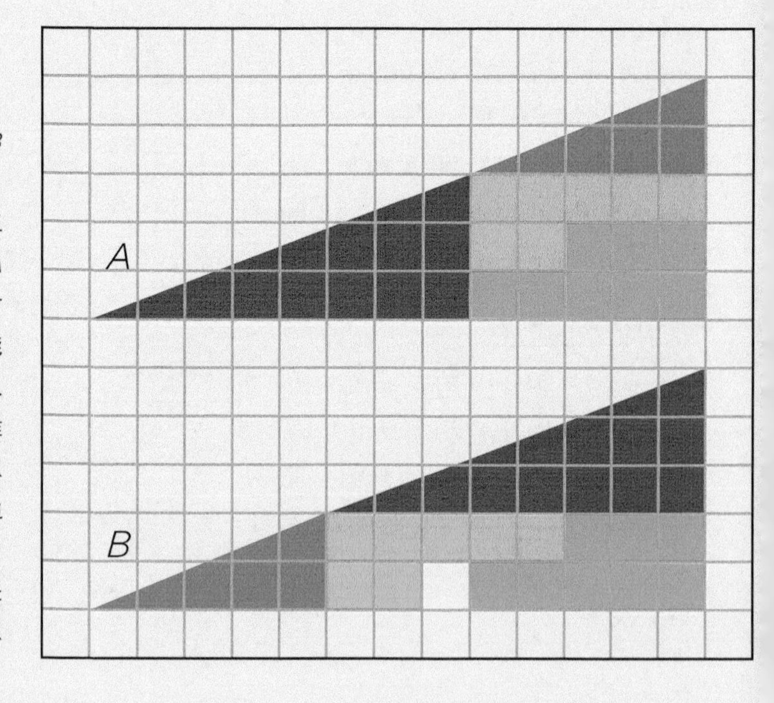

右图中三角形 A 和 B 各由相同的 4 个部分组成，仅排列方式不同。但是三角形 B 的面积比三角形 A 的面积大（相差一个正方块的面积）。这怎么可能呢？这其实只是一个耍人的小把戏。人眼虽然很难分辨，但仔细看还是可以发现，每个大三角形的斜边都不是直线，而是稍微弯曲的，所以，它们根本不是三角形。这就是我们可以通过重排混淆视听的原因。

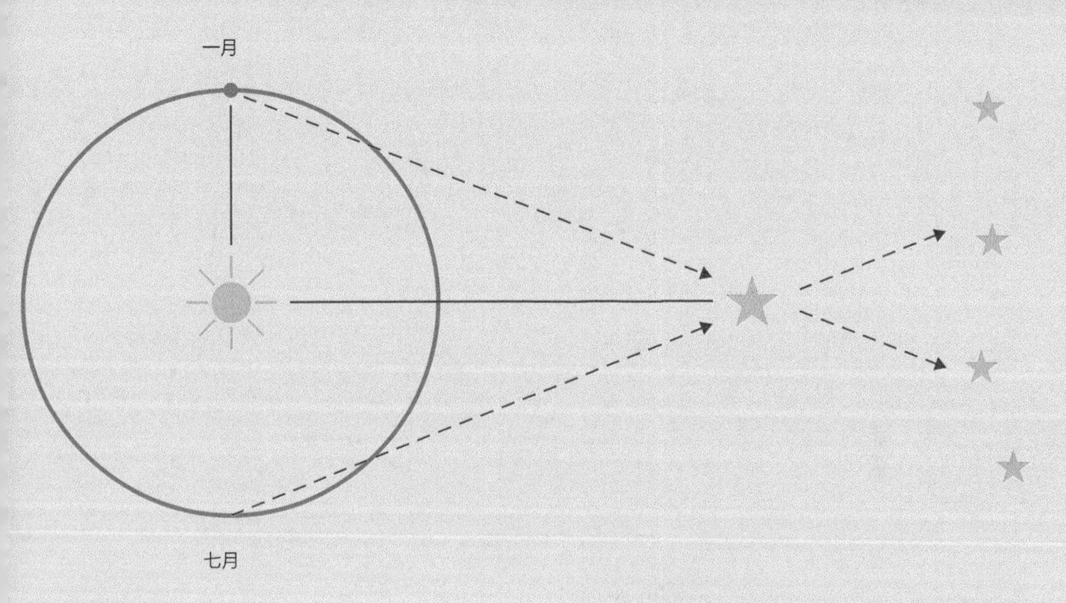

为了测量地球到恒星天鹅座61的距离，弗里德里希·贝塞尔相隔6个月进行了两次测量，因为地球绕太阳轨道运动半周恰好需要这么长时间。这意味着，他的两个测量点相距约3亿千米。他用这个长度作为三角形底边的长度，并通过观测值得出三角形最远端顶角（底边对角）的角度，这样利用三角学知识就能计算出三角形各边的长度。它确实是一个非常狭长的三角形，长边的长度大约是短边长度的300亿倍。

余弦定理

勾股定理的一般化结果表明，对于任何一个三角形，边和角都满足关系式 $c^2=a^2+b^2-2ab\times\cos C$。这个命题对直角三角形仍然适用，因为当 C 是直角时，$\cos C=0$，所以方程式右边的 $-2ab\times\cos C$ 部分为零，剩下的恰为勾股定理的标准形式。此命题通常被称为余弦定理。

三角形的外接圆

13 世纪的突斯人奈绥尔丁（波斯数学家、哲学家）被一些人视为三角学领域的奠基人，他证明了三角形的另一个边角关系：任给定一个三角形，其任意一边除以对应角的正弦值为定值（见对页上图）。并且，该值恰为这个三角形外接圆的直径。三角学不仅研究三角形的边角关系，还讨论其面积和体积。例如，任何一个三角形的面积可由以下公式求出：

$$S = (1/2)\,ab\times\sin\theta$$

其中 θ 是三角形 a 和 b 两边的夹角。

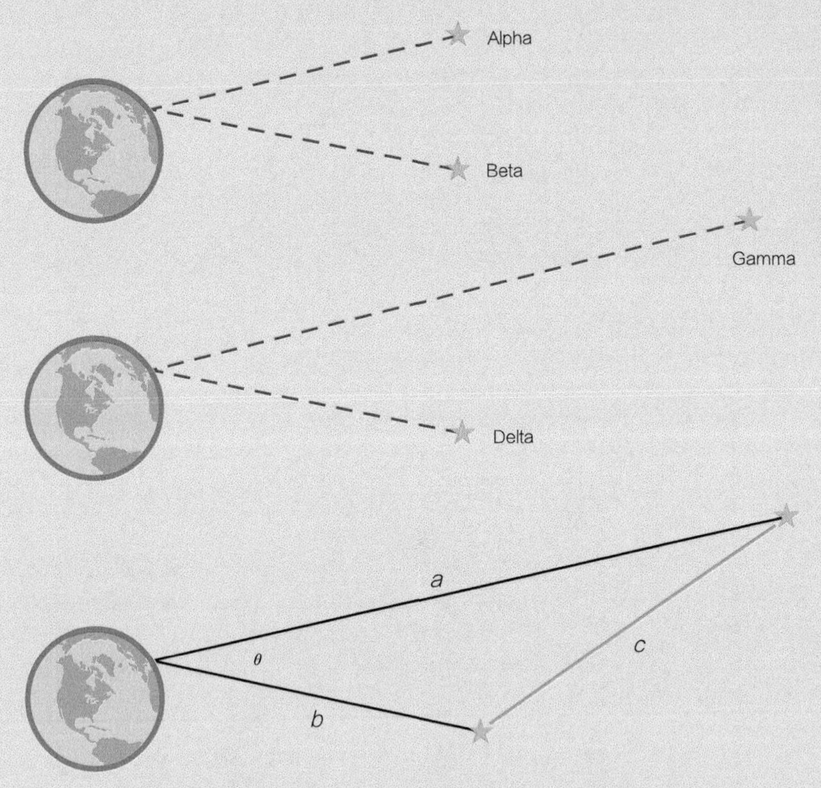

因为喜帕恰斯只能观测到两天体与地球连线所成夹角的角度，所以他无法计算天体之间的距离：从地球上看，天体Alpha与天体Beta之间的距离，就和天体Gamma与天体Delta之间的距离一样。直到贝塞尔和其他天文学家测量了天体离地球的距离a和b，人们才得以计算出两个天体之间的距离c。利用夹角θ、边长a和b，可以借助余弦公式$c^2=a^2+b^2-2ab\times\cos\theta$求出$c^2$。然后开平方，即得到$c$。

天体距离我们有多远?

约两个世纪前，三角学第一次被用来计算太阳系以外的恒星与地球的距离。1838 年，弗里德里希 · 贝塞尔测量了从地球到一颗名为天鹅座 61 的恒星的距离约为 10.3 光年（约 9.7×10^{13} 千米）。此数已相当接近实际值 11.4 光年。一旦用这种方法测量出多颗恒星之间的距离，天文学家就能够解决喜帕恰斯遗留的一大难题。喜帕恰斯可以观测到天空中天体之间的视差，但因为他不知道任何一个天体与地球的距离，所以无法估算出两个天体之间的距离。两个看似很近的天体，它们在宇宙中的位置可能很接近，但也可能两者只是恰好位于大致相同的方向上，实际却相距很远。

脱离三角形的三角学

其实讨论三角函数，无须针对三角形。大约在 1400 年，一位名叫马德哈瓦的印度数学家找到了一种方法，可以纯粹通过级数来给出三角函数定义。除

力的三角形

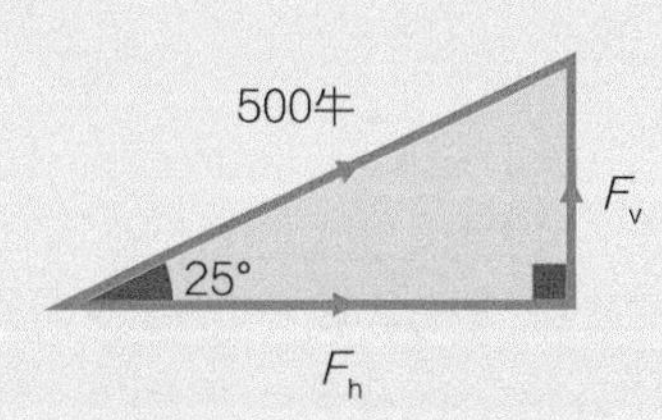

拉雪橇最省力的方式是以尽可能低的角度去拉。三角学让我们可以精确计算出究竟省了多少力。力的单位是牛顿（简称牛，符号为 N）。举起一个苹果大约需要 1 牛。假设图中的牛可提供 500 牛的拉力。把这个力全数用在拉雪橇上是很困难的，因为要沿着雪橇移动的方向拉动雪橇，就意味着牛必须躺在冰面上。也许它能以最小为 25° 的角度拉动雪橇。在这种情况下，拖动冰上的雪橇需要多大的力呢?

在图中，此力标记为 F_h（h 表示水平方向），由公式 F_h=500 牛 ×cos 25°给出。25° 的余弦值约为 0.9063，因此，水平力约为 453.2 牛，垂直力由公式 F_v=500 牛 ×sin 25° 给出。25° 的正弦值约为 0.4226，所以垂直力约为 211.3 牛。至此，可得牛拖动冰上雪橇的力约为 453.2 牛。

了他的诸多数学发现之外，我们对马德哈瓦几乎一无所知，包括他的生卒日期——甚至连传闻中他生活的城镇桑加马格拉马的位置，也不为人知。马德哈瓦给出正弦函数的级数形式如下:

$$\sin x = x - x^3/(3\times2\times1) + x^5/(5\times4\times3\times2\times1) - x^7/(7\times6\times5\times4\times3\times2\times1) + \cdots$$

17 世纪 70 年代，艾萨克 · 牛顿和戈特弗里德 · 莱布尼茨重新发现了这个公式。马德哈瓦也给出了余弦函数和反正切函数的级数形式，并且以之作为定义这些三角函数的新方法，以及计算其近似值的新途径。这些级数都有 3 个特点，它们是非常强大的数学工具：无穷多项之和（“无穷级数”），幂函数形式的项（“幂级数”），以及含有阶乘的系数（如 5 x 4 x 3 x 2 x 1，即“5 的阶乘”，缩写为 5！）。

参见:
▸ 几何+代数，第96页
▸ 建筑中的几何学，第104页

古希腊三大几何难题

今天，我们可以使用许多不同的工具进行计算和数学研究，从简单的量角器到强大的超级计算机。但是古希腊人只用两个简单的工具就发展和证明了他们所有的数学发现：一把（无刻度的）直尺和一个圆规。古希腊人通常在沙子或黏土上画出图形，用完后再把它们刷掉，这样即使是最尖的铅笔也会被磨平。我们并不知道谁发明的此法。

简单而有效

尺、规最大的优点是，与超级计算机不同，这两种工具都不易出错，即使出了什么问题，也会立刻被发现。古希腊人非常灵活机巧地运用了这些简单工具，欧几里得的每一个定理都是用尺、规证明的。在古希腊人看来，每一个数学问题都可以用直尺和圆规来解决。但是真如此吗？在快到公元 100 年的某个时候，关于提洛岛神谕的奇怪故事开始流传。

神谕

提洛岛曾发生了一场致命的瘟疫，提洛人向他们的祭司寻求神的神谕以消除灾祸。祭司同意了，条件是提洛人扩建祭坛，新祭坛须是现有祭坛的两倍大。现有祭坛是一个立方体，提洛人无疑对这样一个看似简单的任务感到宽慰。他们筑了一座原有祭坛两倍高、两倍长、两倍宽的祭坛，但瘟疫仍在肆虐，跟之前一样危险致命。就如同解答任何一个数学问题，在答题之前先读懂问题是至关重要的：提洛人应该先问问祭司所说的“两倍大”是何意。其实，祭司要求的是一个2倍于原始祭坛体积的立方体，提洛人却筑了一个 8 倍于原体积的立方体。祭司的简单请求后来被证明是不可能被满足的。

倍立方

为了解释此要求的不可能性，我们需要使用提洛人还不了解的、发展于距当时2000多年后的数学知识。原祭坛是一个立方体，设新祭坛的体积(V)为$V=H^3$，其中H是立方体的高度(或宽度或长度)。提洛人需要计算$V = 2\times v$时的H，其中v是现有祭坛的体积。因为$v = h^3$，其中h是祭坛的高度(或宽度或长度)，所以$V= 2\times h^3$，也就有$H^3 = 2\times h^3$。进而$H =\sqrt[3]{2\times h^3}$，即$H =\sqrt[3]{2}\times h$。于是，我们要做的就是求出$\sqrt[3]{2}$，即2的立方根。

未知的数

但我们没有办法计算出此数，无论使用直尺还是圆规，或运用任何其他方法；即使是最聪慧的数学家或最强大的计算机也无能为力。如果在计算器、电子表格或计算机里输入$\sqrt[3]{2}$，得到的答案可能是1.259921。但实际上，1.259921的立方是1.999999762，并不是2。如果计算器计算结果是2，那就是错误

上页图：提洛祭坛遗迹。

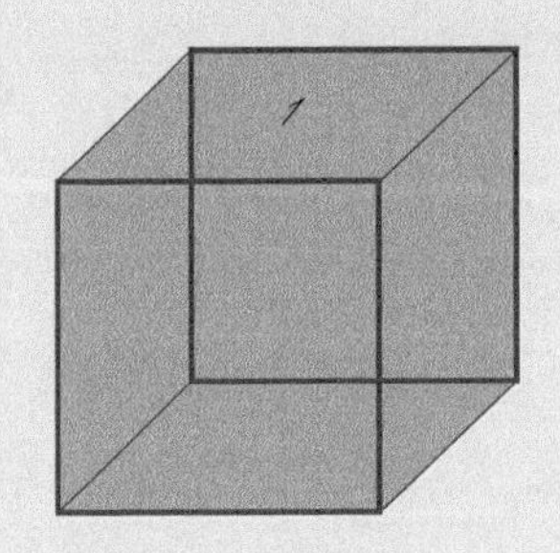

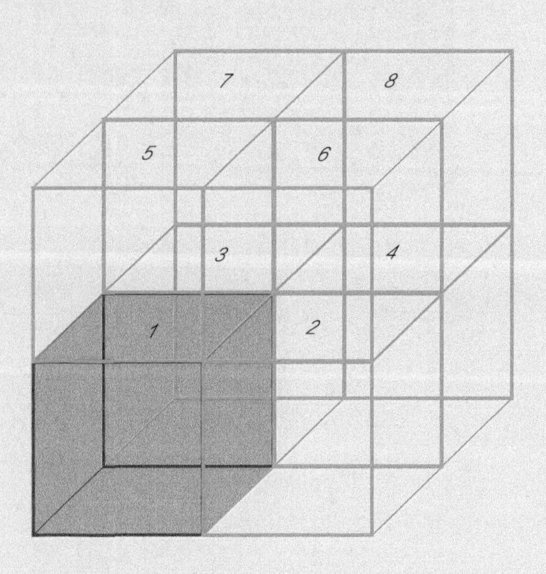

右图：将立方体祭坛的长度、宽度和高度均翻倍，就形成了一个体积为原来8倍大的立方体祭坛。

保持冷静 从容计算

提洛人问题的另一个版本〔由作家普鲁塔克（又译为普卢塔克或普卢塔赫）在大约公元 100 年记录〕述说的是，当政局动荡威胁到提洛岛的安稳时，提洛人向祭司寻求神谕。当时，伟大的哲学家和数学家柏拉图帮助他们思考问题的解决之法，他认为把注意力集中在学习几何上会让大家冷静下来。他坚信，认真思考可以化除万难，所以这也正是他一直喜欢给出的建议。

柏拉图和他的学生们在他创立的学校——如今被称为学院——中的情景，该校位于一处公园内。

的——这是四舍五入后的答案，因为计算器没有足够的空间来显示全部数字。我们可以求出$\sqrt[3]{2}$的近似值，非常接近，但没有一个精确的答案，就不可能找到体积正好是原祭坛两倍的立方体。其实，还

波伊提乌（又译为波埃修）被认为是中世纪的哲学家，而非数学家。

有很多数如$\sqrt[3]{2}$一般，不能被精确计算，它们被称为无理数。直到公元1000年左右数学家们才学会如何正确处理无理数，而对它的研究发源于当时的埃及和波斯。

关于圆周率π的一个问题

提洛人问题是困扰古希腊人和许多后续数学家的三大几何难题之一。第二个问题是，与半径为 1 的圆等面积的正方形，其边长为多少（此处单位可以是英寸、米或任何其他度量单位）？圆的面积公式是$A=\pi r^2$。此时，$r = 1$，故面积$A=\pi$。因此，我们寻求的正方形，其面积也要等于π，则其边长必为$\sqrt{\pi}$。正如$\sqrt[3]{2}$，无人能计算出$\sqrt{\pi}$的精

超越数 π

与$\sqrt[3]{2}$和$\sqrt{\pi}$相同，π 也是无理数，但 π 的奇妙之处远非如此。我们虽无法计算出$\sqrt[3]{2}$的精确值，却可以找到一个整系数多项式方程作为它的根，如$x^3-2=0$。但此法并不适用于 π（也就是说，π 不可能是某个整系数多项式方程的根）。π 是一个超越数，从字面上理解就是，其复杂性“超越”其他数。现在我们已经知道许多实数都是超越数，但是只有少量被发现，因为要证明一个数不是任何整系数多项式方程的根并非易事。

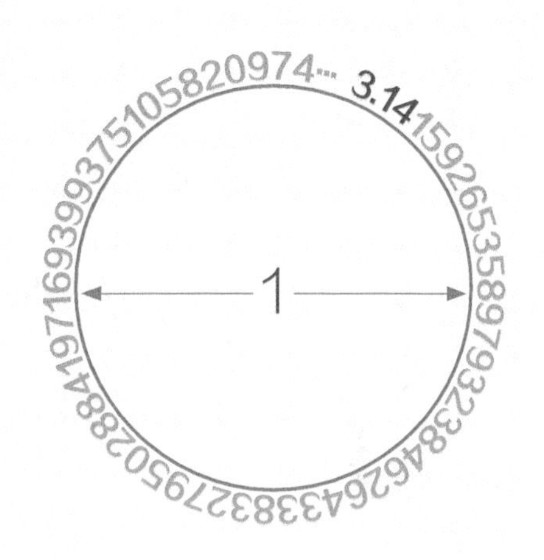

确值。经过多年的努力，化圆为方问题一直没有进展。大约在公元 500 年，一位名叫波伊提乌的古罗马学者声称他知道怎么做，但是他补充说，这解释起来太费时间。这个不太令人信服的“故事”引起了人们对化圆为方问题的新的兴趣，而且时常有人声称自己做出来了。到 1775 年，巴黎科学院收到了大量的“证明”，每一个都需要耗费时间和精力去苦心检验，以至于后来科学院拒绝再接收任何此类证明。

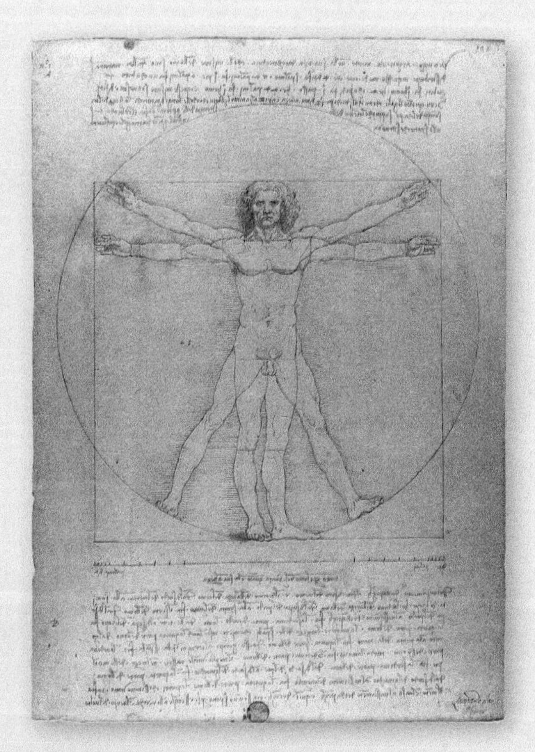

莱奥纳多 · 达 · 芬奇的作品《维特鲁威人》是对化圆为方问题的尝试求解。

一个愚蠢的简化证明

1882年，π 被证明是一个超越数（见上方框内说明），因此，化圆为方问题永远不可解。但这并没有阻止美国数学家埃德温 · J. 古德温继续研究。他找到了一种非常简单又愚蠢的方法。他假设 π 不是超越数，并设定其为 3.2。这就像通过假设美国本土的形状大致是三角形来计算其面积一样不可思议。而在 1897 年，他还设法将此设定值提交美国印第安纳州议会大会讨论，甚至差点使之成为法案，幸好普渡大学数学家及时质疑并阻止。

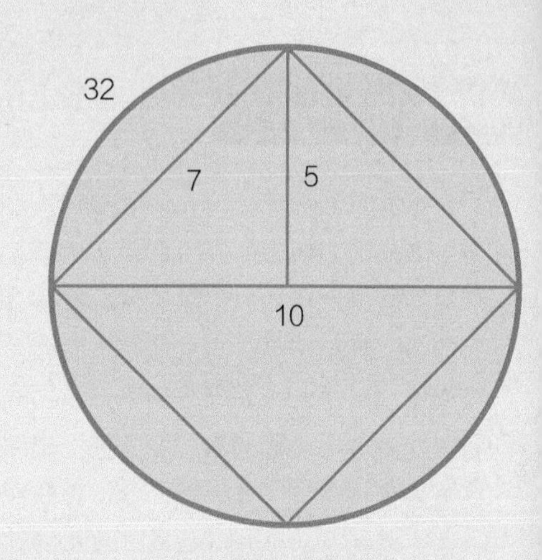

古德温得到的 π 的假值，意味着有上图所示的圆与其内接正方形——而实际上，这根本是画不出来的图形。

原理

三等分直角

为了三等分直角 $\angle A$（角度为 **90°**），以顶点 A 为圆心，任意长为半径画圆。记圆周与过 A 点的水平直线的一个交点为 B。以 B 点为圆心，同半径画第二个圆。在点 A、点 B，以及两圆的一个交点（C）之间，两两连线。如此我们可以得到一个等边三角形，其每个内角都是 **60°**。因此，图中的角 θ 为 **60°**。此角与最初的直角 $\angle A$ 相差 **90°－60°＝30°**。**30** 是 **90** 的 **1/3**，因此，此差角就是我们所求的（图中标为 α）。

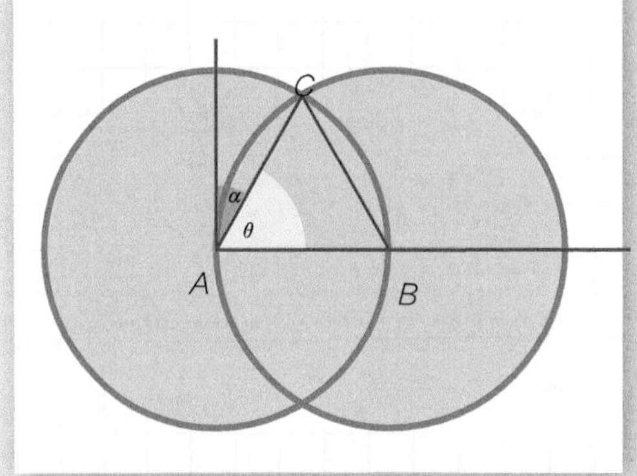

第三个难题

第三个几何难题是用尺规三等分任意角。使用直尺和圆规可以把许多角三等分（参见左框），但并不是所有角度均可。使用其他技术手段可以解决任何角度的三等分问题（参见下页方框）。探究这 3 个无法解决的难题并不是在浪费时间，因为找出这些问题无法解决

1897年，美国印第安纳州议会大会差点通过法案认定 π 值为3.2。

原理

三等分任意角

通过使用更多的工具——不光是直尺和圆规，任何角度均可被三等分。阿基米德正是这样做的。

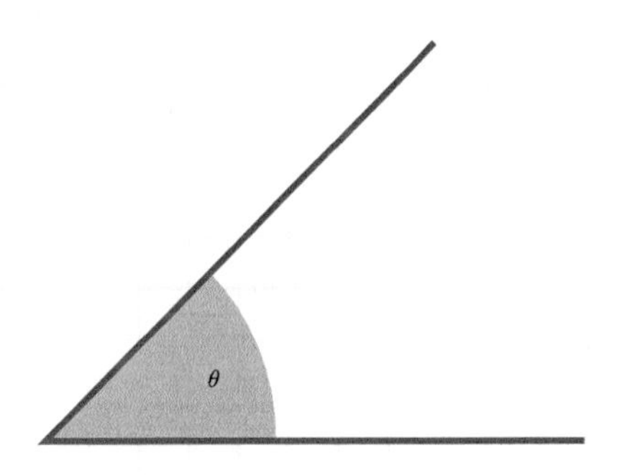

为了三等分图中的角度θ，以其顶点为圆心，任意长度为半径画一个圆，并将穿过圆心的水平线（绿色）向外延伸。

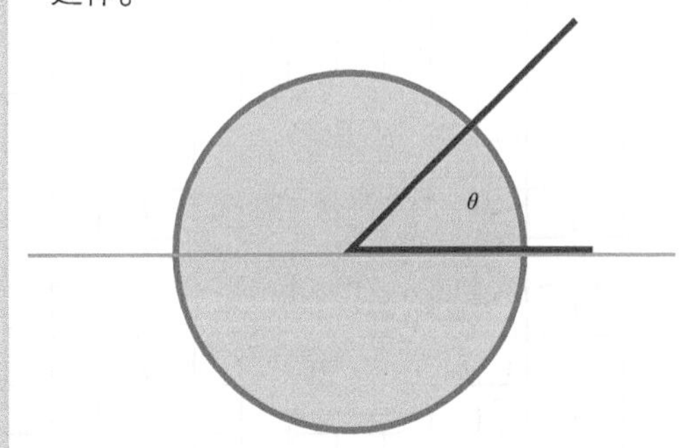

圆内的**3**条线段都为圆的半径，把其中任一条等长地标记到直尺上。

把该直尺置于图中，将标记部分的一端放在水平线上，另一端放在圆周上，并且使得直尺或其延长线通过角θ的非水平边与圆周的交点。

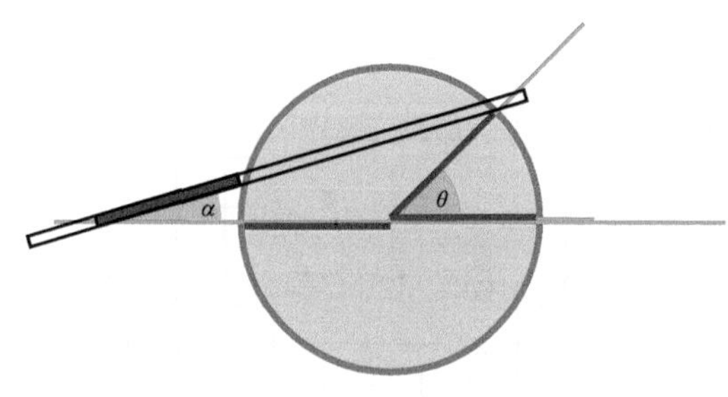

如此放置直尺需要一点技巧和判断力，但并不需要数学运算，这就意味着此方法有“欺蒙”之嫌。

角度α恰为θ的**1/3**，因此θ被三等分。

的原因会使我们对数字有更深刻的理解。而学习数学既是为了解决问题，也是为了探索未知，两者并重。

参见：
▸ 欧几里得的革命，第44页
▸ 三角形与三角学，第56页

贴砖与平面密铺

帕普斯生活在3世纪到4世纪埃及的亚历山大，他是古希腊亚历山大学派最后一位伟大的几何学家。从他的著作中，我们可以了解到那个时代的许多数学家。事实上，帕普斯在他的著作中表达了诸多不满，主要是关于当时亚历山大几何学的落寞。不过，他本人还是竭尽全力总结了数百年来前人披荆斩棘所取得的成果，并提出了一些新的理论和方法，包括用双曲线三等分任意角的新方法。他的方法打破了古希腊几何学的一贯规则，使用的不只是直尺和圆规。

帕普斯还研究了用图形不留空隙、不重叠地填充平面或拼接的数学理论，也就是数学家所称的密铺理论。他可能是第一位证明正多边形（即各边相等的多边形）中能“密铺”的仅有正方形、等边三角形和正六边形这一结论之人，也就是说，只有这3种正多边形可以覆盖一个平面而不留下任何间隙。

阿拉伯人的贡献

在帕普斯所生活的时代之后，西欧的数学衰落了很长的一段时间，而中东的数学却在这一时期迅速发展。阿拉伯学者和波斯学者阅读了古希腊数学家的手稿，并从他们中断的地方开始继续研究。他们对密铺理论特别感兴趣，于是，他们以复杂而精美的密铺几何图案作为装饰。建筑师和几何学家会定期开会讨论和研究这些图案，其中涉及非常广泛

即使是这种形状奇特的四边形也可以密铺平面。

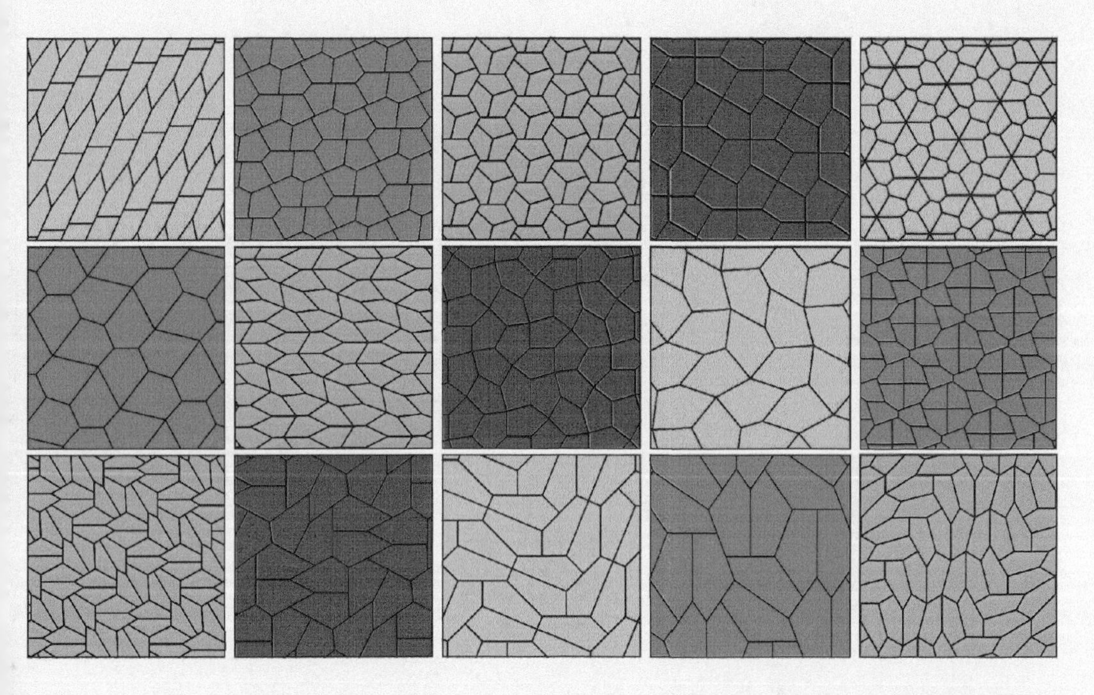

迄今为止，已知有15种五边形密铺方法。

的形状（见第 73 页，关于阿尔汗布拉宫密铺图案的方框）。

多边形的密铺问题

许多不规则多边形（即边长不同的多边形）可以进行密铺，包括所有三角形和所有四边形。五边形的密铺问题复杂些，正五边形不可密铺平面，但一些不规则的五边形可以。有 15 种已知的五边形密铺方法（见上图），其中最新的一种，在 2015 年才被发现。

壁纸群

密铺方式有无限多种，可以分为 17 种不同的类型——通常称为壁纸群——根据密铺图案对称性形式的不同来分类。如有些图案在旋转、左右平移或镜像后保持不变（见第 72 页）。壁纸群的划分并不容易，同属一个群的元素可能会大不相同。常见的砖墙垒砌方式就属于其中的 cmm 群（一种对称形式），其图案在旋转 180°，或垂直或水平镜像，或水平或垂直平移后均保持

正方形密铺

密铺的正方形不必有相同的边长，如右图所示。在研究密铺理论时，对称性是其关键所在，主要研究的有3种对称性。右图所示的密铺方案只满足一种对称性，即左右平移或上下平移均保持不变，这叫平移对称性。这个方案没有旋转对称性，因为你无法把它旋转一定角度，使得密铺图案不发生改变。它也没有镜像对称性，因为镜像后的密铺图案也发生了变化。

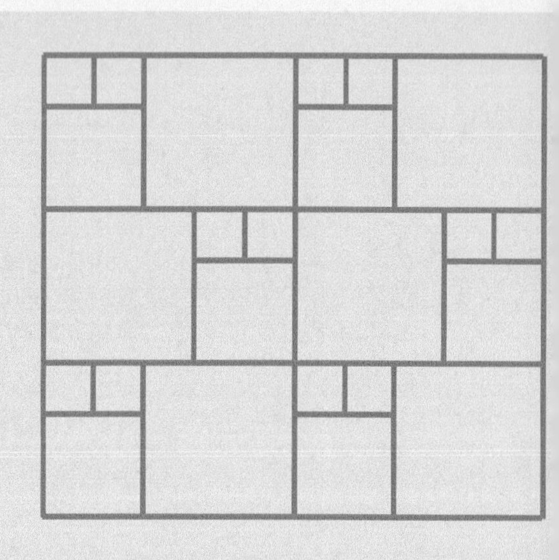

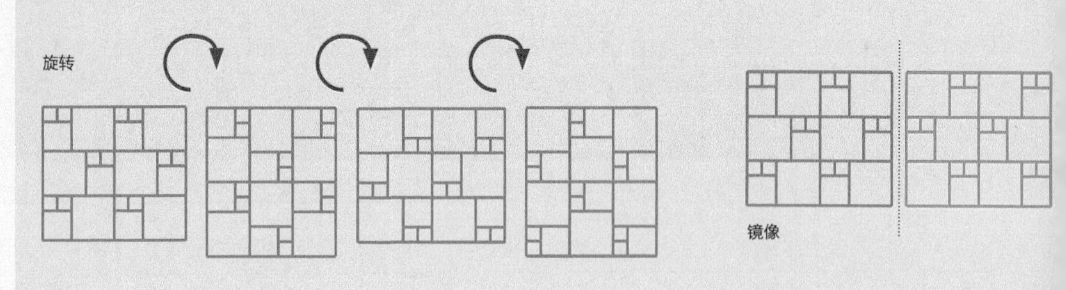

从17种对称群（也称为壁纸群）中取一列进行展示，如左图所示。cmm群中的例子为左图中间一行，从右边数第二个。

阿尔汗布拉宫

西班牙格拉纳达的阿尔汗布拉宫建于 9 世纪。在 13 世纪，它被翻新，并以至少 14 种壁纸群中的图案加以装饰。自从 1948 年最初的几种图案被确定群类之后，人们一直在争论是否所有的 17 种群图案均能在宫中找到。1922 年，荷兰艺术家毛里茨·科内利斯·埃舍尔（又译为莫里茨·科内利斯·埃舍尔）参观了阿尔汗布拉宫，他对密铺图案印象深刻，创作了许多涉及密铺的艺术作品。

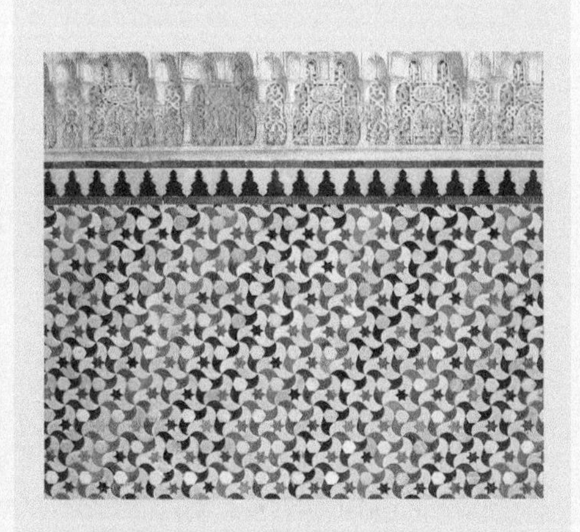

不变。cmm 群的另一个元素匿于前一页陈列的 17 种密铺方式的完整合集之中。你能认出它吗？这可不容易哦！

非周期性密铺

是否存在一种密铺样式，以永不重复的方式铺满整个无穷平面？这就意味着没有重复图案。这被称为非周期性密铺。如果有足够多的形状，非周期性密铺是容易做到的——只要有人不停地铺砌就好。但如果只允许一个形状呢？直到 1936 年，海因茨·沃德伯格才发现了第一个能够进行非周期性密铺的单一形状。

沃德伯格螺旋地砖

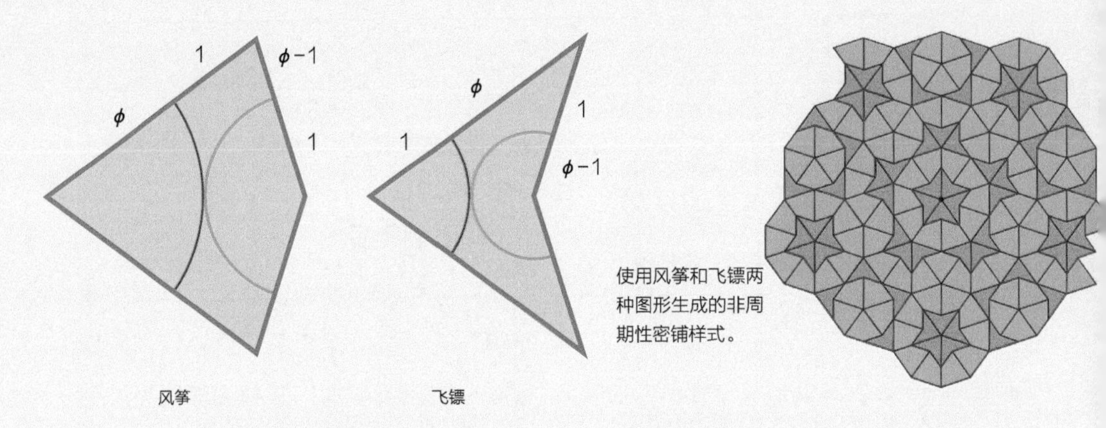

使用风筝和飞镖两种图形生成的非周期性密铺样式。

这一形状以一种非周期性的方式排列成沃德伯格螺旋。沃德伯格的工作远远领先于他的时代：对非周期性密铺理论的研究在 20 世纪 70 年代末才开始。其中最有趣的成果之一是由数学家罗杰·彭罗斯取得的，他也是一位物理学家，他与斯蒂芬·霍金合作开创了宇宙几何学新理论。彭罗斯对几何学很着迷，事实上，他在物理学上的许多突破都始于其几何涂鸦。他给出的非周期性密铺新例子基于两种图形：风筝和飞镖，两种形状都是以黄金比 ϕ 勾画出来的（见第 26 页）。

边缘

对于专业的瓦工而言，在墙或其他区域的边缘处铺瓷砖是有难度的。通常的做法是切割瓷砖以匹配边缘的形状。而数学家们一般对要密铺区域的边缘如何处理并不太感兴趣——只是设想密铺的过程无限持续，覆盖整个平面。但是彭罗斯贴砖是个例外。想象一下，描画出彭罗斯贴砖区域的边缘（如上图所示），然后移除所有的瓷砖。再尝试在该区域内重新密铺，使得刚刚画的曲线仍成为密铺区域的边缘。你会发现，只有一种密铺方式会形成原来的图案，即使它包含的飞镖和风筝图形有数百万之多。这也意味着，只要观察彭罗斯贴砖中的某一小部分，就有可能获知整个区域的边缘形状，无论该区域面积有多大。

存在于自然界中

彭罗斯贴砖是如此精巧而奇特，因此，当科学家和数学家们发现其存在于自然界中时，均惊讶不已。现代晶体学研究人员所热衷于探讨的“准晶”（又称准晶体）便是借助于彭罗斯贴砖的构造原理实现的。这些准晶在 20 世纪 80 年代被研究过，结果研究人员发现它们有一些奇特的性质。例如，一些金属准晶可以将普通钢转变成装甲（钢）板，形成具有超光滑表面的热绝缘体，尽管金属通常应该是热导体。

彭罗斯三角形

20 世纪 50 年代，彭罗斯参观了艺术家毛里茨 · 科内利斯 · 埃舍尔的一次作品展，后受其启发，构想了一个看似存在但实际上不可能存在的三角形。接着他利用这个三角形（现在称为彭罗斯三角形），构想了一个始终向上或向下却无限循环的阶梯。不仅仅阶梯在不停地循环往复，类似的构想亦然：埃舍尔对彭罗斯的构想也感触颇深，并将之运用到了自己的作品中。

上图：彭罗斯三角形

下图：彭罗斯阶梯

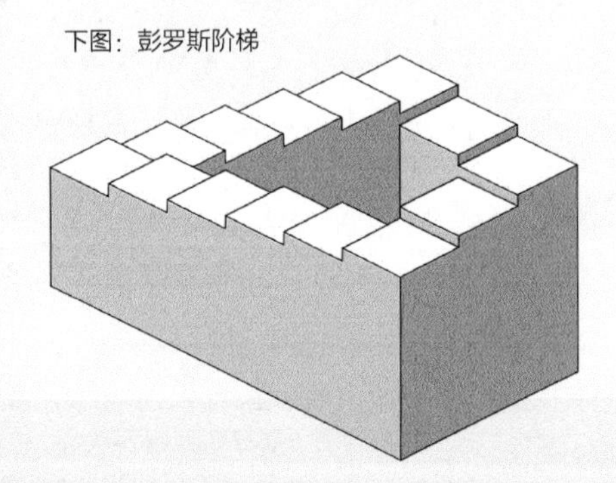

毛里茨 · 科内利斯 · 埃舍尔画作中奇特而诡异的几何结构激发了许多艺术家对日常生活环境布局的重新思考。

参见：
- 美之数学，第26页
- 晶体，第134页

透视法

几何学经常涉及平行线，但自从欧几里得尝试证明平行公设（如果与两条直线相交的第三条直线使得同一侧的内角加起来小于两个直角之和，那么这两条直线无限延伸后会相交于这一侧）却失败后，产生了一系列关于平行线的问题。尽管如此，平行线确实存在。试想，如果铁路轨道不平行的话，火车将无法通行。

问题是铁路轨道通常看起来并不平行，除非观测者在轨道上方盘旋（或者观测者的个头非常高）。而且，既然我们生活的世界充斥着各种线，这就引发

意大利艺术家马萨乔创作的画作《圣三位一体》，运用透视法使作品充满空间感，更真实。

平行的轨道似乎在远处相交后消失。但不管我们如何努力，都无法企及那个远方的“消失点”。

汉斯·弗雷德曼·德·弗里斯于1568年创作的一幅作品《带人物的建筑随想》（*Architectural Caprice with Figures*），画面中诸多结构线条向纵深延展，“消失”于一点。

了一系列问题：怎么画这些线好呢？应该以何种规则来绘制精确的图呢？何以检验其准确性呢？

新画法

艺术家们对这些问题特别感兴趣，特别是那些生活在 15 世纪的意大利艺术家们。文艺复兴时期（欧洲文艺“再生”与“复兴”时期），人们对学习和艺术产生了新的兴趣，画家们努力使自己的作品更逼真。例如，他们把近景画得比远景要大一些。尽管这似乎是一个显而易见的情况，但以前的许多艺术家遵循不同的规则，比如说，他们会选择把作品中最重要的东西或人物画得更大更突出些。

消失点

很多艺术家尝试用“透视”的方式作画，但真正把透视画法引入艺术世界的人是意大利建筑师布鲁内莱斯基。他在画作中设置了一个点，称之为消失点。从上一页的铁路轨道上就很容易看出这一点。之后，其他艺术家们渐渐也开始使用这种新画法（称一点透视法）。

视错觉

因为我们从小是看着透视图长大的，所以我们完全理解：当线条在图片中相互接近时，它们实际上可能并不是真的接近。这其实是一个很不简单的想法，譬如，在下图中，有3个看似不同身高的男人走在一条小径上，两条侧边平行，后方的墙上有许多条与地面平行的线条。即使你被告知，画中这3个男人是一样的身高，但他们看起来还是不一样。你需要测量一下才能确定。

超越一点透视

虽然这个新画法带来了欧洲文艺的突飞猛进，但一点透视法并不能解决所有的透视问题。比如，不同方向的铁路轨道该怎么画呢？尽管在文艺复兴时期没有人需要为如何绘制铁路轨道而费心（铁轨直到17世纪60年代才被发明出来），但仍有许多场景需要使用多个消失点。

与几何学何干？

这正是法国人吉拉德·笛沙格（又译为吉拉尔·德萨尔格、吉拉尔·德萨格）着迷的问题，此人的兴趣爱好广泛，涉及音乐、绘画、石刻、教育、植物和数学等诸多领域。他非常清楚透视法在实际应用中的困难，因为在他作为建筑师的工作中，他必须从多个角度绘制建筑图。到了17世纪50年代，艺术家们已经习惯了使用透视画法，并习惯于把桌面画成不规则的四边形而不是长方形。然而，这并不意味着艺术家们忽略了几何规则，而是用另一套规则代替它。

射影几何

新规则并没有在数学上得到证明，它们只是在实践中被检验出确实能产生逼真的效果。笛沙格对艺术家们在处理平行线时所采用的画法——让它们在无穷远处相遇，即交于消失点——颇有感触。他想了解整个规则体系，并用之来定义出一种新的几何学：射影几何。他希望这对艺术家们会有用，但似乎并没有人注意到他的成果。尽管一些最伟大的数学家，包括勒内·笛卡儿和布莱兹·帕斯卡，对笛沙格的著作很推崇，但大多数数学家并没有注意到他的成果。这在一定程度上也是因为他试图通过使用一些新的术语来清晰阐述他的想法，而这些术语源于植物学。他称直线为“棕榈树”，如果线上的点被标记了出来，就称该直线为“树干”，如果有其他直线与之相交，就称该直线为“树”。但这些想法并没有被广泛接受，

追迹

今天，我们可以用相机拍摄想要绘制的场景，然后按照片绘制图画，从而避免透视带来的问题。一些文艺复兴时期的艺术家也曾做了类似的尝试，使用的是一种在 1435 年发明的装置。在一个方框上拉伸缠绕一些线，形成方形网格，然后，艺术家透过这些网格观察，把从每个方格所能看到的画面，都原样画到同样画着网格线的画纸上的相应位置。

1525年德国艺术家阿尔布雷希特·丢勒的一幅蚀刻作品，展示了艺术家是使用一根线来绘制物体的透视线条的。

原理

笛沙格定理（又称德萨格定理）

设想你需要画一个等腰三角形的路标，但从某个角度看，把等腰三角形绘制成等腰的却是错误的。那么，此时正确的形状该是什么样的呢？**1639**年，笛沙格给出了一个定理以解决此问题。

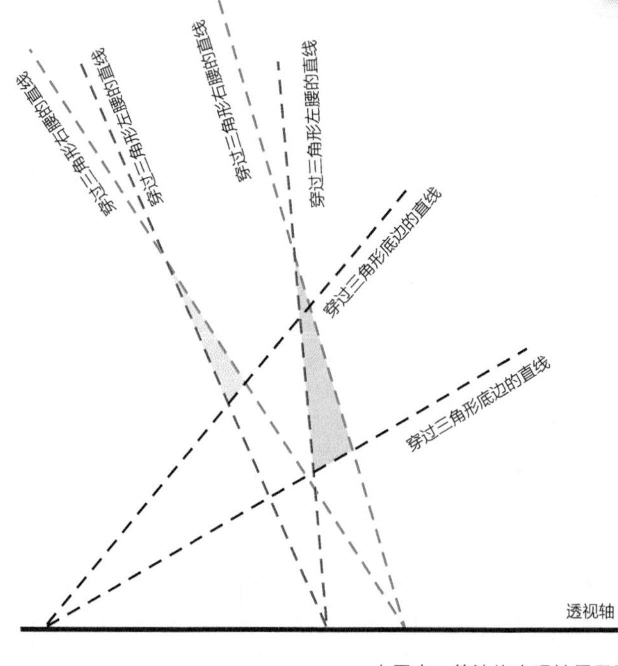

上图中，笛沙格定理被用于证明蓝色三角形是绿色三角形的透视图。令两个三角形的各对应边延伸，在每对对应边或其延长线（例如分别穿过两个三角形底边的一对直线）的交点上做标记。如果这些交点共线，则两个三角形确实有透视关系。该直线被称为透视轴。

下图为笛沙格（图中间位置）在1643年与帕斯卡和笛卡儿（两人都站在他的左侧）讨论空气的本质。这两位法国天才是为数不多的注意到笛沙格射影几何成果的数学家中比较有名的。

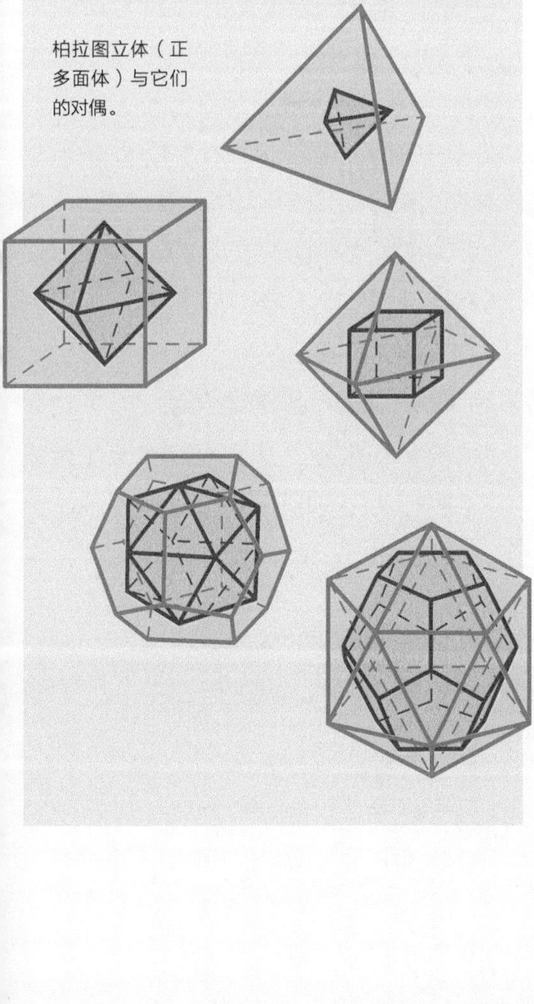

反而使得他的成果很难被人理解。只是在过去的两个世纪里，人们才充分认识到笛沙格成果的重要性。而如今，射影几何对于电子游戏、特效技术和虚拟现实技术的发展至关重要。

对偶柏拉图立体（正多面体）

对偶性出现在几何学的诸多领域。取任意一个柏拉图立体，找到每个面的中心，以之为新形状的顶点（角）。这个新的形状将是另一个柏拉图立体（在考虑正四面体时，是同一种柏拉图立体）。这些新形状是原形状的“对偶”，它们的定义相互对称，比如，正六面体有6个面和8个顶点，其对偶形状有8个面和6个顶点（即正八面体），等等。

柏拉图立体（正多面体）与它们的对偶。

数学对偶

笛沙格的新理论也解决了一个古老的数学问题。数学家们讲究对称美，因此有许多对定理是相互对称的。比如，可以通过一条边和两个角判断三角形的形状，也可以通过两条边和一个角判断。只要交换这里的“一”和“两”就可以互换这两个定理。这称为对偶性，意味着第二个定理是第一个定理的对偶，反之亦然（见左侧方框）。数学中有一个非常基本的事实是“过两点可以画一条直线”，这是欧几里得几何学的一个公理。对偶的命题是“过一点可以画两条直线”。这听起来似乎没毛病，却并不总是正确的。唯一的反例是两条平行线的情形。然而，在笛沙格的新理论中，此反例不再是反例，两条平行线也穿过同一个点：消失点。

参见：
▶ 完美之形，第30页
▶ 欧几里得的革命，第44页

球形世界的平面地图

从古希腊时代起，人们就知道地球（粗略地说）是球形的。然而，之后的许多世纪，大多数人只是在陆地上做短途旅行，或在海上航行时沿海岸线行进，因此，地球的形状如何，对人们的实际生活并不太重要。

探索开启

到了 13 世纪，一些勇敢的海员开始在地球上更广阔的区域航行，并把所到之处绘制成地图。到 1500 年左右，人们已经掌握了足够多的信息并能够绘制世界地图。在地球仪上绘制世界地图是最好的方式，但携带地球仪对旅行者来说并不方便，平面地图会更便捷些。那么，如何把球形世界绘制到一张平面地图上呢？这类似于把橘子皮剥下压平，使得其外表面都能平铺展开。这首先需要切割开橘子外表面，然后多切割几刀将外表面分成好几块，或者做一些拉伸。绘制平面世界地图也是如此操作的：要么把球形地图切割成很多块，要么将其拉伸变形以适应平面。

经线和纬线

无论是地球仪还是平面地图，所有世界地图（以及其他局部地图）上都标有经线和纬线。这些线都是根据太阳的“运动”定义的。太阳从东方升起，在西方落下，这就决定了东西两个方向。纬线指向东西方向（因此从北向南依次排列）。当太阳处于最高点时，时间是中午，对北回归线以北的观测者而言，太阳的方位是南，而对南回归线以南的观测者而言，太阳的方位是北，这就定义了南北两个方向，而经线或子午线则指向南北方向。如果真的在地球上标记经纬线，那么太空旅行者会看到它们构成地球的圈状网格。

地图投影

一般来说，各种绘制地图的方式都可以称为投影，最早的是圆柱投影。为了了解它的工作原理以及名称由来，你可以想象一下，有一个透明的地球仪，它的中心有一盏灯。拿一张半透明的纸

（像描图纸一样），用它做一个圆柱形，圆柱侧面恰与地球仪的标准纬线（赤道）贴合。灯光亮起，把球面上的图形投影到圆柱面上，这就在圆柱形纸上显示出一张世界地图。

墨卡托地图

第一张世界平面地图采用墨卡托投影，于 1569 年绘制而成，以绘图者比利时地图学家赫拉尔杜斯 · 墨卡托的名字命名。像许多取得突破成就的数学家一样，墨卡托在不止一门学科上有很高的造诣。当时学识最渊博的学者之一杰马 · 弗里修斯教墨卡托数学和地理，雕刻大师范 · 德 · 海登教墨卡托雕刻。3 个人一起绘制地图和制作地球仪，由此致富并成名。在当时，国际贸易是许多国家的主要收入来源，所以好的地图的指引意义颇大。事实上，海盗们对从船上窃取地图的热情不亚于掠夺黄金。然而，出名了也带来一些问题。墨卡托虽然是一个虔诚的信徒，但他对《圣经》，特别是对其中世界之始的描述，仍心存疑问。1544 年，他被搜捕异教徒的宗教裁判所逮捕并监禁数月。

扭曲视图

在几个世纪里，墨卡托投影地图对旅行者而言非常有用，至今仍深受欢迎。它的一个巨大优势是完整无切割，而明显的劣势是扭曲了各国家领土的形状，特别是两极周边的国家。墨卡托投影地图的一个常见错误是，远离赤道的国家都被放大了。例如，在墨卡托投影下，格陵兰岛的面积与非洲差不多。但实际上，非洲的面积是格陵兰岛的 10 倍多。

选取路线

长久以来墨卡托投影之所以广受欢迎，主要原因是它使航海变得简单些了，虽时至今日，此功能几已不存。如果你想从美国洛杉矶去挪威奥斯陆，你

1569年，赫拉尔杜斯 · 墨卡托绘制了一张在早期很成功，但也具有一定误导性的世界地图。

该如何选取路线呢？最短的路径是一条直线段，但这就必将需要在地下钻隧道，此方案并不可取。另一种方案是先确定从洛杉矶到奥斯陆的方向（即指南针方位），然后沿此方向行进。在第二种方案下，你在地球表面的运行轨迹，恰为墨卡托投影上的一条直线——称为恒向线。然而，这并不是两地的最短路径。

大圆

为了弄清楚这个问题，可以在一个地球仪上，于洛杉矶和奥斯陆两地钉上大头针，再在它们之间拉一根绳子，绳子环绕着放在地球仪上。转动地球仪，直到从上面看下去这根绳子呈一条直线，此时这根绳子位于地球仪球心的正上方。但是，我们没有办法在地球仪上标出一条看上去像直线的通过洛杉矶和奥斯陆

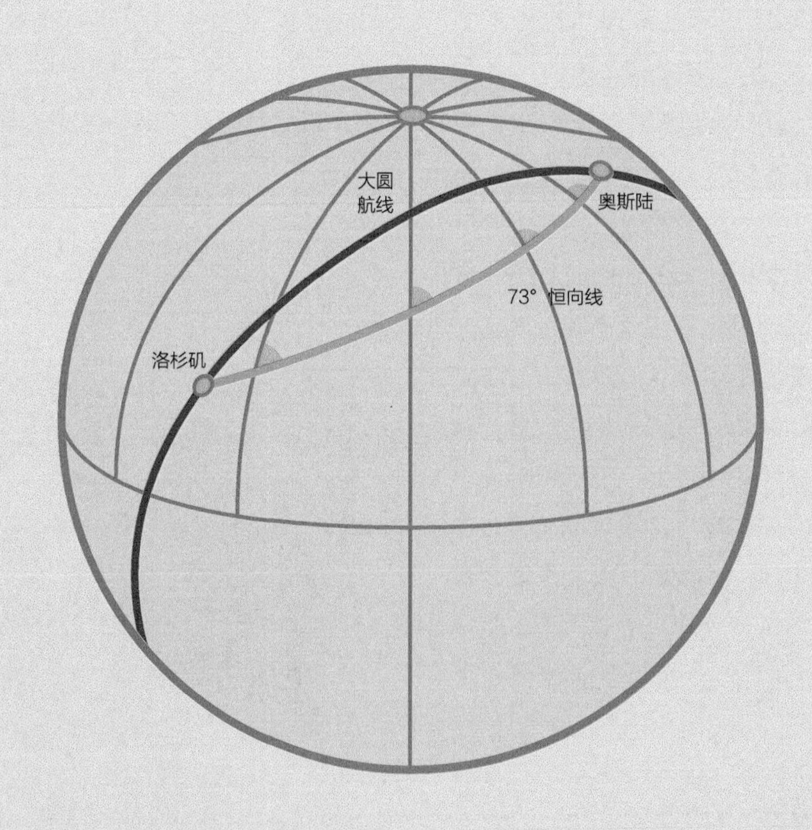

在地球仪上（如上图所示），可以看出洛杉机与奥斯陆之间的大圆航线（红色）略短于恒向线路径（绿色）。

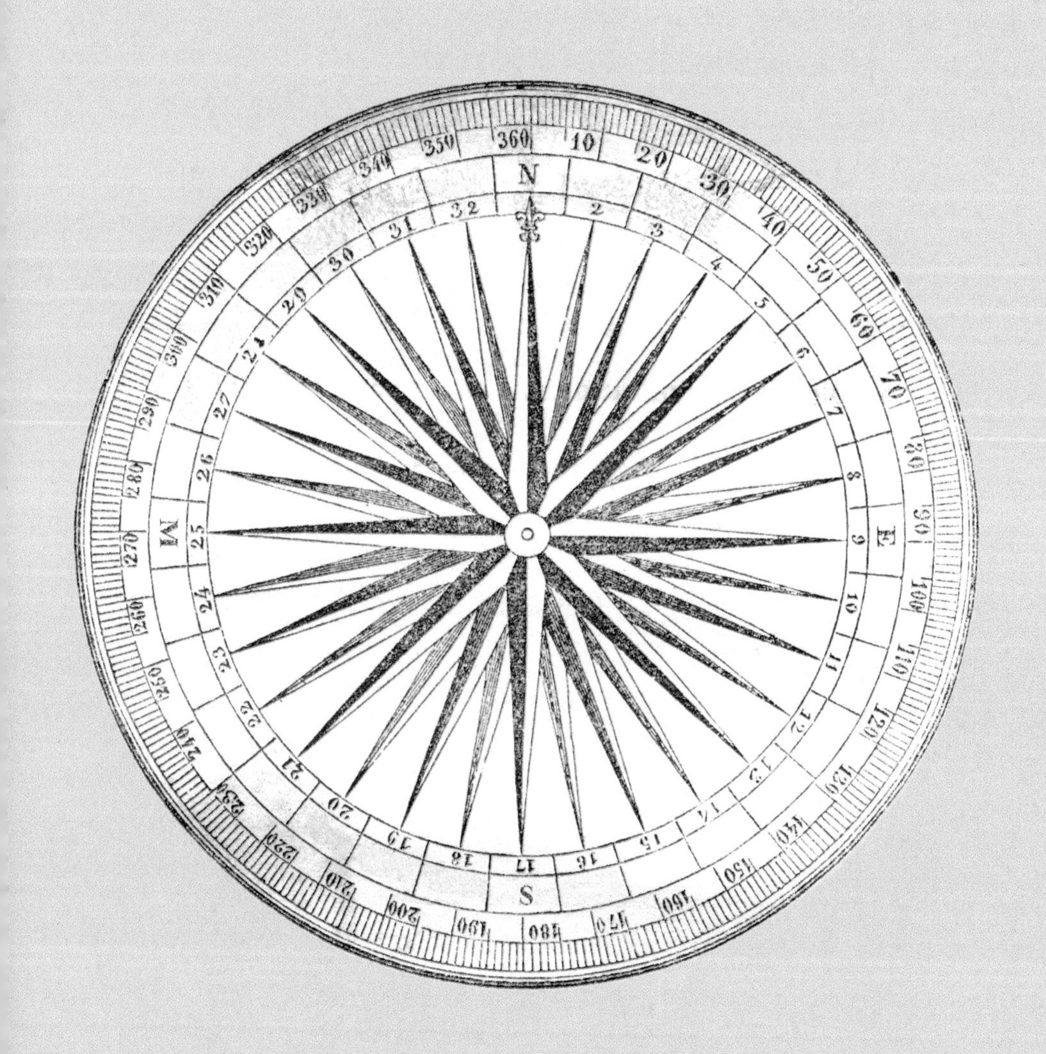

指南针所指方位可用于量度一个方向偏离北向的角度大小。

的恒向线。（不过也有例外：经线和纬线是恒向线，在地球仪上显示为笔直的线。）这根绳子围成的圈被称为地球的大圆，飞机通常沿着这样的大圆飞行。此类航行需要驾驶员不断调整指南针方位——对现代计算机系统而言，这不过是一个非常简单的任务。但在墨卡托所生活的时代，以及此后很长一段时间内，在行进中不断调整指南针方位是极其困难的，而且很可能会导致迷路。相比之下，沿着恒定的方向走一整段路要容易得多，也安全得多。而且，由于风向的变化，船员难以精确操纵帆船，所以，即使跟从指南针方位的变动来调整航路，也有可能偏航。事实上是，船员们必须尽最大努力观察风把船吹离正确方位产生的偏差，并寻找机会朝正确方向航行以纠正之前的偏差。而在不断改变目标方位的同时还要做到这一调整，几乎是不可能的。

星图

人们也绘制了地图以外的图。几千年来，有很多人在绘制星图，他们认为，他们所做的就是把星星所附着的球体的内部绘制出来。尽管我们现在知道，不

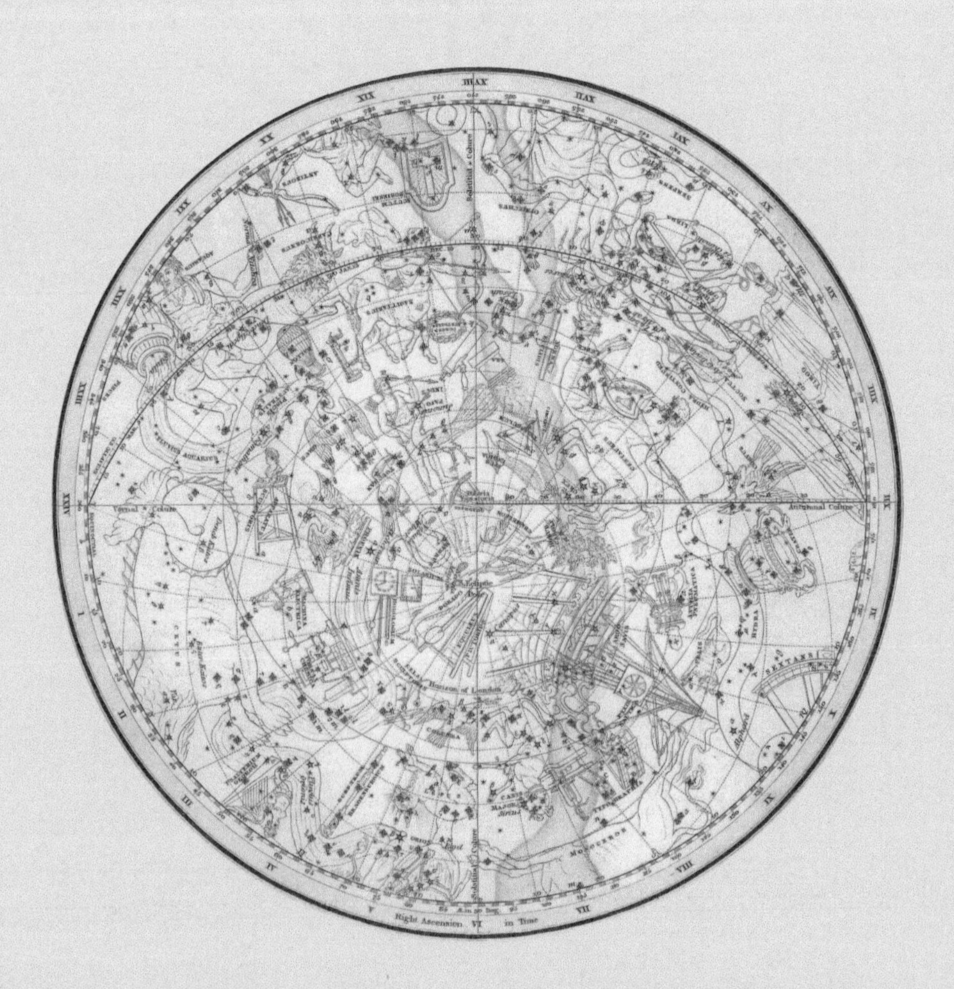

苏格兰制图家亚历山大·贾米森于1822年的天体星空图集之中，展示了星座的赤面投影。

同星体与我们之间并不完全等距，但将星星看成是附着在某个球体内部的想法本身就很有意义。就像世界地图一样，球面星图虽然精确，但不如平面星图使用起来方便。不过此时墨卡托投影在这里毫无用处。大多数旅行者并不介意墨卡托地图很难看地展示了极地地区，但看重是否星空中的每一个部分都能在地球上的某一个位置被观察得到，因此，任何星图都必须完整呈现出星空中的每一个部分。此外，对星图而言，确保星座形状的正确性也是至关重要的。满足这些要求的最佳方案是使用极射赤面投影（见下图）。该投影下，星座的形状几乎保持不变，只在边缘附近变得过大。此外，一张星图上只能展现一半的星空。当然，这也不是问题，因为一个人从地球表面最多只能看到半个星空。

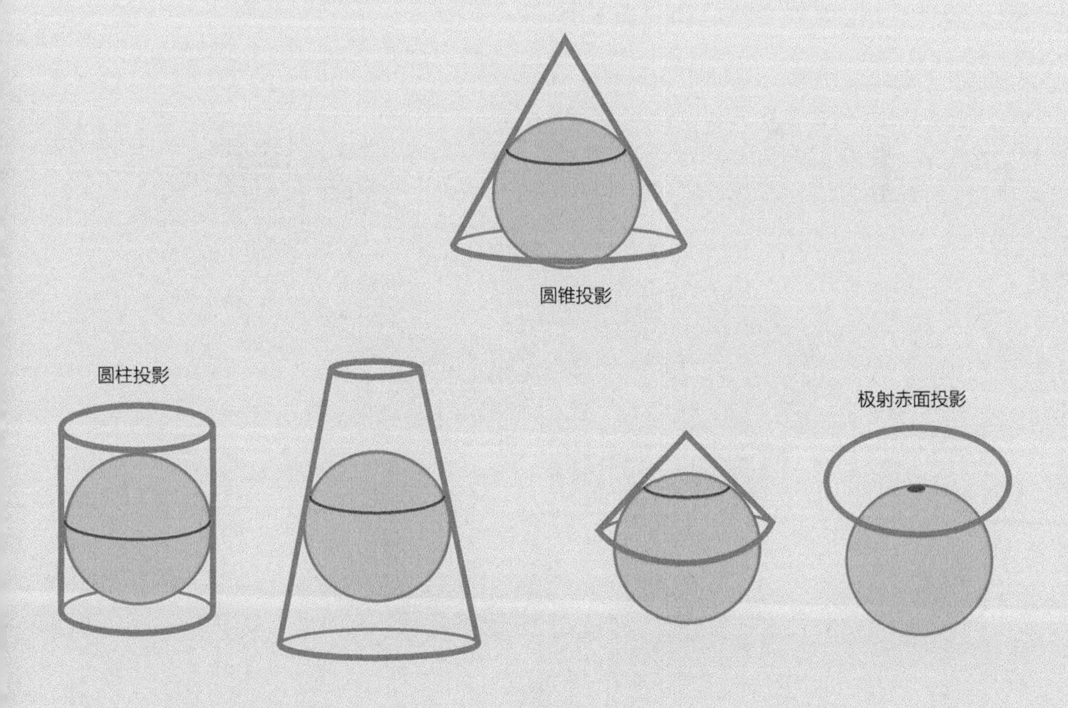

上图中圆柱投影（最左边）和极射赤面投影（最右边）可视为圆锥投影（上方）的极端版本。红色圆圈或圆点表示地图与地球的接触位置。

圆锥投影

1772年，数学家约翰·海因里希·朗伯研究了地图投影的几何学知识，并发明了许多新的投影方式。他观察到，极射赤面投影和墨卡托投影与他的一项成果——圆锥投影相关联。当圆锥越来越平坦，圆锥投影会越来越接近极射赤面投影；而当圆锥越来越狭长，圆锥投影会越来越像一个圆柱投影。

卡尔·弗里德里希·高斯是第一位对“地图投影总是要以某种方式丧失一定精度才能绘制”这一问题做出解释之人。

微分几何

圆柱体是弯曲的，球体也是。虽然我们可以展开一个圆柱体并将其展平而

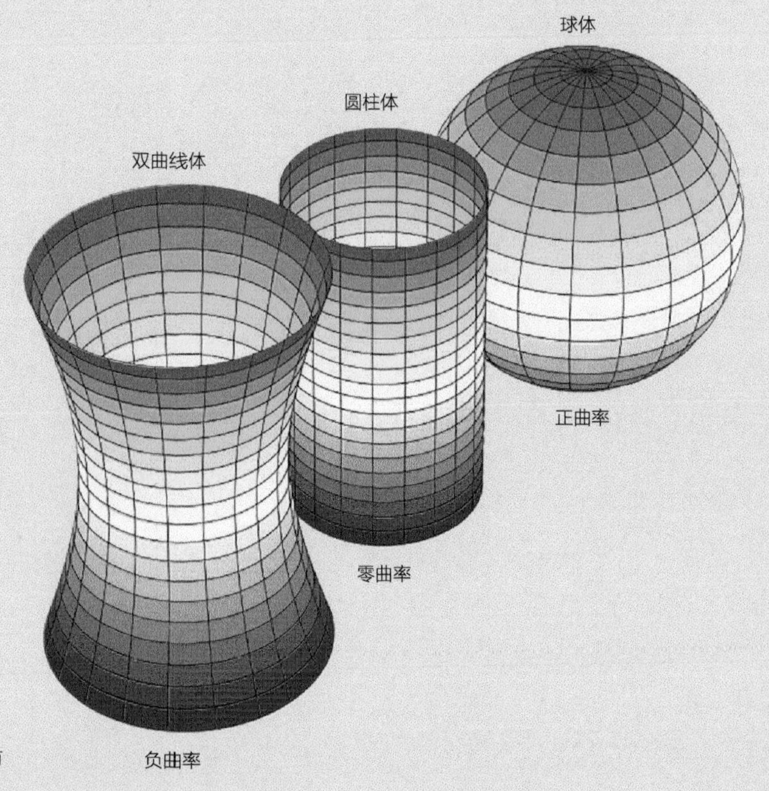

这3种不同的形状具有3个不同的高斯曲率。

不进行任何拉伸，但我们不能对一个球体进行同样的操作。这是因为二者有不同的曲率。球体区别于圆柱体的曲率，称为高斯曲率，以其提出者——19世纪德国数学家卡尔·弗里德里希·高斯之名命名。高斯当时开创了一种新的几何学分支，现在被称为微分几何。高斯曲率这一概念的提出，使得人们无须远行跋涉，就能建立起对世界的认知。例如，如果你生活在纽约市，先向西行驶800千米，再向北行驶800千米，然后向东行驶800千米，最后向南行驶800千米，终会到达大西洋，止于出发地以东仅几千米处。这是因为地球是球形的，人们的航行经历证实了这一点。而如果地球是一个圆柱体，如同一些古希腊人所相信的那样，那么，这段旅程将恰好把你带回家。

绝妙定理

研究高斯曲率的一种方法是用一根绳子绕成圈来观察。假设绳子有10米长。用绳子围成的圆周的周长（c）为$c=2\pi r$，其中r是半径。计算可得，半径$r=c\div 2\pi=10\div 2\pi$米，约为1.59米。在平面上，绳子围住的面积是$A=\pi r^2$，约为7.94平方米。如果把绳子放置在高斯曲率为正的面上，圆内的面积将大于7.94平方米；而如果放置在高斯曲率为负的面（如马鞍面）上，面积将小于7.94平方米。即使通过弯曲曲面来改变曲面的形状，高斯曲率也保持不变：一张平面纸的高斯曲率为零，如果你用这张纸制作一个圆柱面或一个圆锥面，新形状的高斯曲率仍为零。只有拉伸纸张，曲率才会改变。高斯在1827年发表了他的这一发现，此被称为绝妙定理（拉丁语名为 Theorema egregium），因为其“窥一斑而知全豹”的想法是如此了不起。这个定理也会引出许多有趣的问题。例如，为什么纸是柔性的，而纸做的球或甜甜圈却不是？因为可以在不改变高斯曲率的情况下弯曲一张纸，但不能弯曲一个纸球或圆环。为什么我们永远找不到一种方法来制作一张没有被切割或拉伸的平面地图呢？这也是因为平面物体和球面有不同的高斯曲率。这个绝妙定理也让我们知道了如何吃比萨才不会一团糟。

填充空间

托马斯·哈里奥特可能是所有伟大数学家中最未被赏识的。其实，他在代数学和几何学（以及光学和天文学）方面的造诣远远领先于他所生活的时代的其他人，但直到2007年，也就是他提出他的发现约4个世纪之后，他的成果才得以完整出版。哈里奥特还曾与英国探险家沃尔特·雷利爵士一起前往北美，他努力学习美洲原住民的语言，还发明了一种特殊的方式来记录语音。

A briefe and true report
of the new found land of Virginia.
of the commodities and of the nature and manners of the naturall inhabitants. Discouered by the English Colony there seated by Sir Richard Greinvile Knight In the yeere 1585. Which Remained Vnder the gouernement of twelue monethes, At the speciall charge and direction of the Honourable SIR WALTER RALEIGH Knight lord Warden of the stanneries Who therein hath beene fauoured and authorised by her MAIESTIE and her letters patents:
This fore booke Is made in English
By Thomas Hariot seruant to the abouenamed Sir WALTER, a member of the Colony, and there imployed in discouering
CVM GRATIA ET PRIVILEGIO CÆS. MA.TIS SPECIALI

FRANCOFORTI AD MOENVM
TYPIS IOANNIS WECHELI, SVMTIBVS VERO THEODORI DE BRY ANNO CI) I) XC.
VENALES REPERIVNTVR IN OFFICINA SIGISMVNDI FEIRABENDII

托马斯·哈里奥特（左）写了一篇关于他在美国的经历的报道《关于弗吉尼亚新发现的土地的简要且真实的报道》，标题页如上图所示。

哈里奥特曾是雷利的主要助手，协助其于1585年在罗阿诺克岛建立了殖民地。罗阿诺克岛位于今美国北卡罗来纳州沿海（大约两年后，这个殖民地神秘地消失了，唯一留存的人类遗迹是一具人体遗骸）。哈里奥特还可能

美国内战期间，圣路易斯兵工厂的炮弹堆成金字塔状。

是把马铃薯从美国引入英国的人，也是最早一批吸（鼻）烟的欧洲人（这可能为他在1621年死于鼻癌做出了解释）。哈里奥特还帮助雷利设计了船只，正是两人之间的深厚友谊促使他思考一个至今未解决却极具应用价值的数学问题：如何能最有效地利用空间?

炮弹金字塔

此思考源于雷利提的一个问题：把一定数量的加农炮弹堆成金字塔形，底部应该摆放多少枚炮弹？当时的人们通常把加农炮弹垒成底部为正方形或长方形的金字塔状，或者偶尔垒成底部为三角形的金字塔状。哈里奥特给出了所有这些情况下上述问题的答案，同时还提出了相反的问题：在给定底部尺寸的金字塔状堆垒中，一共有多少枚炮弹？对哈里奥特这样的数学家来说，这个问题虽然很简单，却促使他着手研究此问题的本质。哈里奥特进一步思索是否能把物体解释成一堆相互碰撞的原子。他的猜想现在已被证明是对的，但在当时却被视为一种危险的想法。

穷竭法

大多数的数学证明是相当优雅的，尽管它们可能很长很复杂。当然，这些证明有时是由某人独立完成的，有时是由团队合作完成的，有时是由业余爱好者完成的，有时是由专业人士完成的。但有些猜想是人类仅凭自身的聪明才智无法证明的。在这种情况下，人们尝试使用计算机来“简单粗暴”地处理。譬如，为了证明开普勒猜想（详见下一页），人们尝试了一种称为穷竭法的方法，简单地说，所有可能的球体堆垒方法都由计算机一一进行检验。不过，这种做法并不十分令人满意，因为很难确定所有方法无一遗漏地被检验完了。正因为如此，1998 年提交的开普勒猜想的“证明”被认为只有 99% 的确定性。而 2014 年的证明，虽被认为是 100% 确定的，但也是基于计算机分析而得出的。

惹祸的想法

在当时的欧洲，每个人都被期望成为虔诚的基督教徒，很多思想都被认定为反宗教的，比如认为物体是由原子构成的这一想法。原子这一概念是由古希腊人提出的，他们比哈里奥特享有更多的思想和言论自由。这些古希腊原子论者相信，世界是一个由原子构成的巨大机器，不需要上帝启动或保持其运转。然而，在哈里奥特的时代，任何有此想法的人都可能被认定为在质疑上帝，这是一种非常严重的罪行。尽管如此，哈里奥特还是把他的一些想法传达给了伟大的德国科学家和数学家开普勒，其中就包括他关于球体堆垒问题的新思路。

开普勒是最早将数学应用于自然现象研究的科学工作者之一。

蜜蜂建造六边形蜂巢。这些蜂房里储存着花蜜和花粉，之后工蜂把它们转化成蜂蜜，用以喂养在其他蜂房中住着的幼蜂，直到它们成年。

惹祸的朋友

哈里奥特自身的信仰，以及他的朋友们，都导致他后来陷入危难。首先是雷利涉嫌策划暗杀新国王詹姆斯一世；然后是哈里奥特的另一个朋友，因与 1605 年试图炸毁英国议会大厦的“火药阴谋”案中的至少一名极端分子有联络而被捕入狱。这两次，哈里奥特都受到牵连，被逮捕受审，但都成功自辩获释。

开普勒猜想

而此时的开普勒认识到，哈里奥特关于堆垒炮弹的想法为解决球体堆垒问题提供了最佳思路。也就是说，没有其他方案可以在一个盒子里塞进更多的球。这个看似简单而显而易见的想法，后来被称为开普勒猜想，却超乎想象地难以证明。1998 年，才华横溢的美国数学家托马斯·黑尔斯给出了证明，而他也是在计算机的帮助下完成的。尽管如此，他的证明也并非具有 100% 的确定性。直到 2014 年，人们才得到完整的证明。

蜜蜂，几何天才？

一个类似于球体堆垒的问题是：如果用一种确定体积和深度的形状堆砌空间，哪种形状才最节省耗材呢？一个显见的答案是长方体。但事实上，反复试验证实，截面为六边形的柱体更高效。就像开普勒猜想一样，这一猜测看似简单，但直到 1999 年才得到证明，它仍然是由托马斯·黑尔斯给出的。据推测，这就是蜜蜂造六边形蜂巢的原因，这样蜂蜡可以得到最高效的利用。（在 4 世纪，希腊数学家帕普斯曾提出，“蜜蜂……凭借其某种几何上的天赋，知道六边形比正方形和三角形更大，在消耗同样多材料的情况下，六边形蜂巢能储存更多的蜂蜜”。但他并没有给出证明，只是

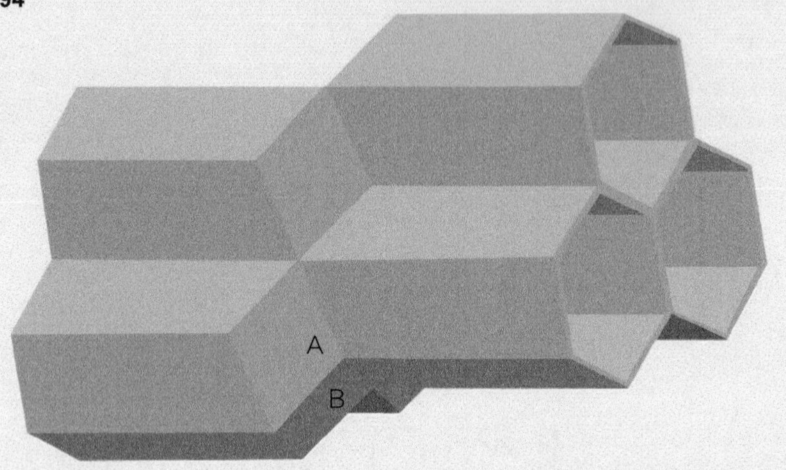

左图：人们发现天然蜂巢的形状还是不够高效。

下图："开尔文泡沫结构"使用的材料比蜂巢少，因为其没有开口。

遵循数学直觉提出了这种观点。）而蜜蜂在1953年受到了匈牙利数学家拉斯洛·费耶什·托特的"挑战"。蜜蜂成双成对的六边形蜂巢里，蜂房背靠着蜂房。蜂巢的封闭面是菱形的，上图中用A和B标记了其中两面。托特证明了，如果蜜蜂改用一对六边形截面或一对正方形截面来封闭蜂房，将更节省蜂蜡。然而，也许还是蜜蜂更聪明些。它们用菱形截面封口的蜂巢比以托特的封口方式得到的蜂巢更坚固。若果真如此，那么托特的改进版蜂巢就需要加厚蜂房壁，而这就需要消耗更多的蜂蜡。不过至今还没有人证明或证否上述观点。

胞体阵列

数学家喜欢通过不断寻找下一个问题来探索世界的终极。对于蜂巢问题来说，紧接着的下一个问题是：如果无须把东西放入胞体或从胞体中取出，什么样的胞体形状才最省材料且容积最大呢？也就是说，用有限的材料制作一系列封闭的胞体，希望总容积尽可能地大，胞体的形状该是什么样的呢？与蜂巢问题一样，最简单的方案似乎是使用立方体，但此方案同样相当浪费材料。1887 年，英国物理学家、工程师、开尔文男爵威廉·汤姆森提出了一种方案，他使用了一种像截去了顶端的

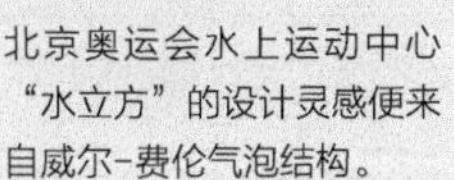
北京奥运会水上运动中心“水立方”的设计灵感便来自威尔-费伦气泡结构。

八面体形状（即截角八面体），每个面轻微弯曲，今天称之为开尔文胞体，由此产生的排列称为“开尔文泡沫结构（胞体阵列）”。

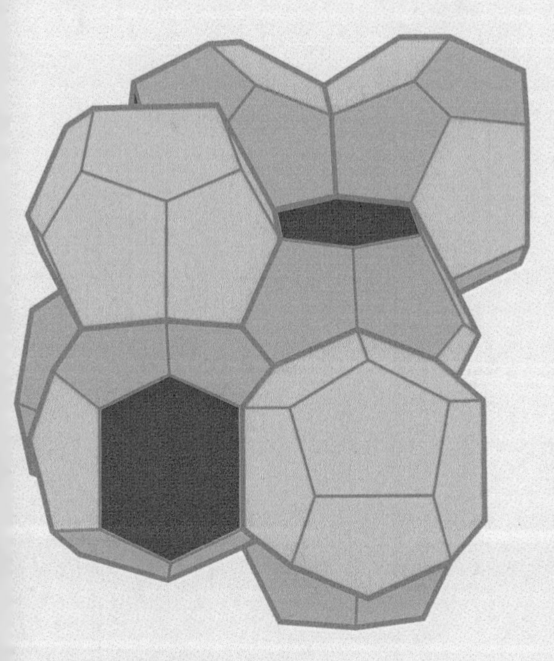
威尔-费伦气泡结构是迄今已知的最高效的空间填充方式。

迄今的最优解

尽管如此，人们并没有证明出此结构是开尔文问题（后来被称为开尔文猜想）的最佳答案，直到两位爱尔兰物理学家丹尼斯·威尔和罗伯特·费伦提出了超越此结构的威尔－费伦气泡模型。他们使用了 3 种不同表面形状的两类多面体单元排列成阵列，并发现新模型的耗材比开尔文泡沫结构的耗材少了 0.3%。2008 年，北京奥运会的水上运动中心“水立方”的设计灵感便来自威尔－费伦气泡结构。然而，故事还没有结束。迄今还没有人能够证明威尔－费伦气泡模型是开尔文问题真正的最优解。

参见：
▸ 完美之形，第30页
▸ 晶体，第134页

几何+代数

尽管古希腊人喜欢用直尺和圆规画曲线，但他们知道并非所有的曲线都可以用尺规作图法得到，而且即使可以，也可能步骤太多而画得很慢，例如，画一条抛物线就需要几十步之多。

经过多年的实践，人们发现可以将几根棍子连接起来以绘制某些曲线。当这些棍子按某种方式运动起来时，置于其中一根棍子上的记号笔就会画出相应的曲线。在少数情况下，可能只要一根棍子就足够了。比如，一根棍子绕点旋转，在棍子上匀速平移的记号笔可以画出一条螺旋线。你不妨一试，这是螺旋线的一种定义方式。阿波罗尼奥斯（见第 39 页）写了一整本书介绍这一方法，但遗憾此书已失传。我们知道他的思路是忽略外在的棍子，关注方法内在的思想本质，追踪假想点随着其与线的距离和方位的变化而变化的运动轨迹。点移动所经过的全部位置构成其运动轨迹。所以，核心要务是研究距离和方位是如何变化的，以之

上图展示了古希腊人如何只使用一把直尺来绘制螺旋线。

笛卡儿的解析几何可以用直角三角形和勾股定理定义半径为r的圆。

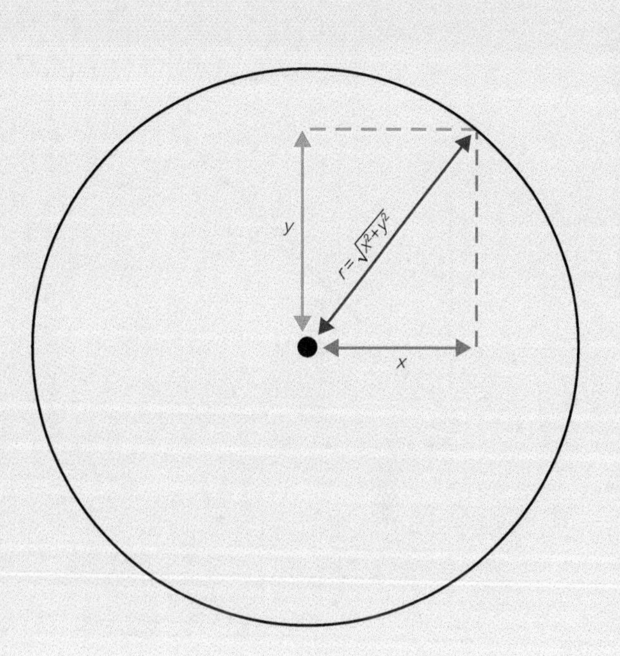

定义曲线。就像阿波罗尼奥斯在别处写的那样，“同时增加距离和角度会产生一条螺旋线”。

加入代数思想

法国哲学家、数学家勒内·笛卡儿 17 世纪进一步运用代数思想（详见右下方框）于几何作图。代数是在古希腊时代之后发展起来的一个数学领域。笛卡儿意识到借助轨迹的概念可以用代数的方式定义各种曲线和形状。例如，与其说圆周是棍子绕点旋转一周，其末端的运动轨迹，不如说它可以定义为方程 $x^2+y^2=r^2$（的图像），其中 r 是半径，x 和 y 是距圆心的水平距离和垂直距离。这 3 个值一起构成一个三角形的三边边长，通过令其取遍所有可能的值，可以定义平面上的一系列点，这些点构成了一个圆周。

TABLE

Des matieres de la

EOMETRIE.

Liure Premier.

PROBLESMES QU'ON PEUT
onstruire sans y employer que des cercles &
des lignes droites.

OMMENT *le calcul d'Arithmetique se rapporte aux op*
rations de Geometrie.
Comment se font Geometriquement la Multiplication,
Diuision, & l'extraction de la racine quarrée.
on peut vser de chiffres en Geometrie.
l faut venir aux Equations qui seruent a resoudre les p
les problesmes plans; Et comment ils se resoluent.
iré de Pappus.
la question de Pappus.
doit poser les termes pour venir a l'Equation en cet exéple.

Kkk

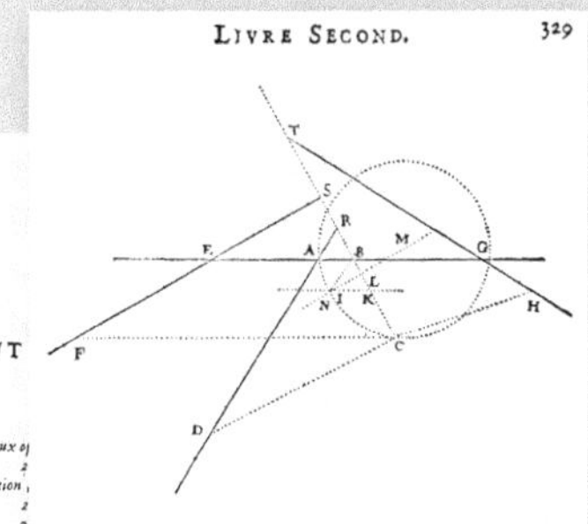

LIVRE SECOND. 329

d'vne Ellipse. Que si cete section est vne Parabole, son costé droit est esgal à $\frac{oz}{a}$, & son diametre est tousiours en la ligne IL. & pour trouuer le point N, qui en est le sommet, il faut faire IN esgale à $\frac{amm}{oz}$; & que le point I soit entre L & N, si les termes sont $+mm+ox$; oubien que le point L soit entre I & N, s'ils sont $+mm--ox$; oubien il faudroit qu'N fust entre I & L, s'il y auoit $--mm+ox$. Mais il ne peut iamais y auoir $--mm$, en la façon que les termes ont icy esté posés. Et enfin le point N seroit le mesme que le point I si la quantité mm estoit nulle. Au moyen dequoy il est aysé de trouuer cete Parabole par le 1er. Problesme du 1er. liure d'Apollonius.

Que

勒内·笛卡儿在1637年出版的著作《论方法》的一个附录（名为《几何学》的论文）中提出了他的新几何学。

代数

在代数中，可以用字母指代数字，从而便于理解数字关系背后的思想。例如，三边边长如下的三角形都是直角三角形：（3,4,5）、（1,1,$\sqrt{2}$）、（5,12,13）、（15,20,25）。勾股定理用几个字母和数字总结了所有这些三元数组隐藏的规律：$a^2+b^2=c^2$。

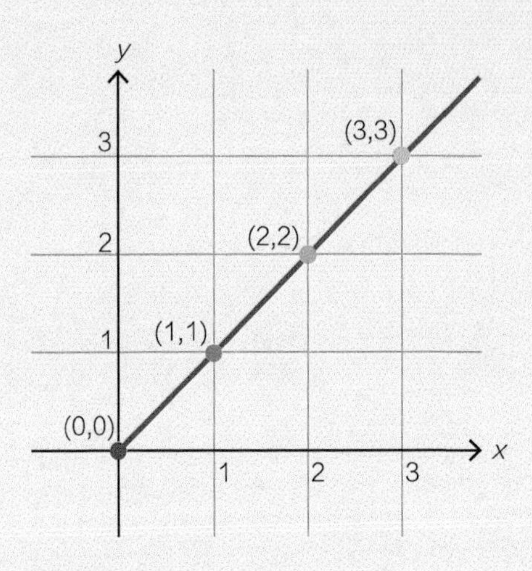

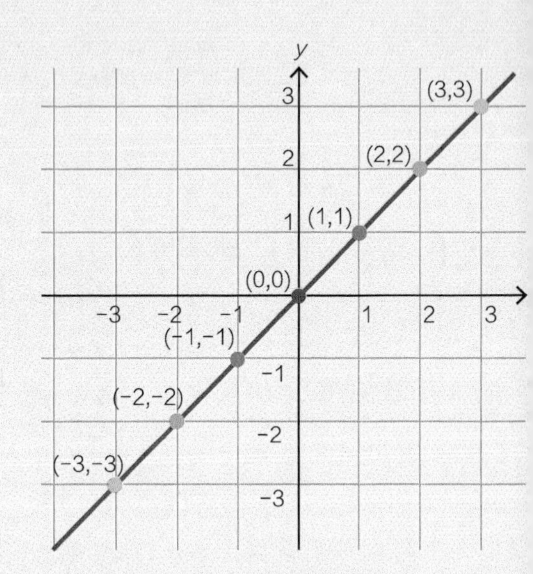

上图：绘制在笛卡儿平面上的射线x=y（x≥0）。
右图：同一条线，扩展其在负数上的定义，得到全平面上的直线x=y。

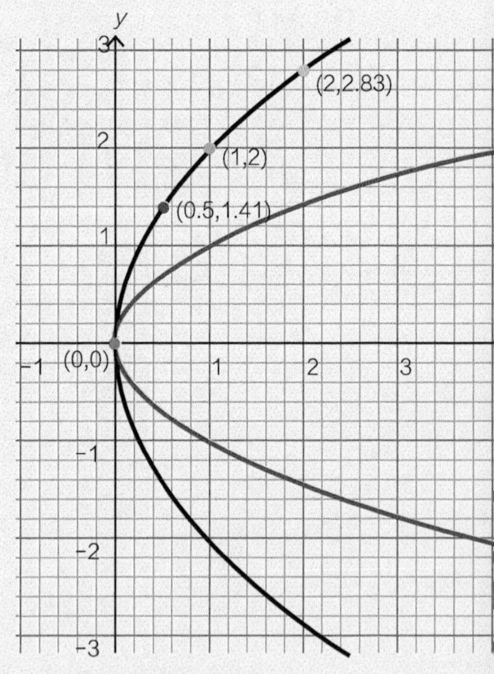

这两条抛物线的方程都是$y^2=4ax$。其中黑色曲线的参数a为1，红色曲线的参数a为0.25。

描点绘图

笛卡儿尝试了多种方式，但之后的数学家们很快发现，用两条互相垂直的直线，并把它们的交点标为零点，更容易描述曲线上的点。垂直线就是纵轴，水平线就是横轴，零点就是原点。点到水平线和垂直线的距离称为点的笛卡儿坐标。因此，一条从原点出发向上倾斜 45°的直线将通过笛卡儿坐标 (0,0)、(1,1) 等，以此类推。因为在任何情况下，此直线上点的x值（横坐标）和y值（纵坐标）都是一样的，我们可以把这条线定义为方程x=y。这种定义方式，也自然适用于负值坐标。显然，我们可以随意把直线x=y往上延伸。那能往下延吗？从本页上方的两张图来看，这很简单，毕竟负数实际上只是正数反方向的一种扩展。在一个许多数学家仍拒绝使用负数，部分人仍怀疑负数是否真的存在的时代，这一思想很重要。

新名称

尽管笛卡儿把他的新几何学思想都写在了 1637 年发表的著作《论方法》一书中，但他并没有给他的新几何学起一个名字。现在，它通常被称为解析几何，指的是任何涉及坐标的几何学。解析几何的一个研究领域是通过绘制方程的图像来求解方程，称为代数几何。希腊几何，使用直尺和圆规而不依赖于坐标，现被称为综合几何学。

几何问题的代数分析

笛卡儿把代数学和几何学融合了起来，为把新兴的代数学应用于经典的几何学提供了方法，这意味着一些经典的几何问题可能有新的方法来解决。它也使许多图形更易于描述。例如，抛物线的笛卡儿方程是 $y^2=4ax$，通过此方程可以找到曲线上所有点的坐标，而这些点合起来就生成了一条抛物线。

梅森学院

笛卡儿是个热衷于旅行的人，很少宅在家。而当时另一位伟大的法国数学家皮埃尔·德·费马却喜欢宅家，很少外出。然而，两人却了解彼此的工作，以及其他欧洲数学家的工作，这主要是通过一位名叫马兰·梅森的法国修道士和数学家相互传递信息。此人几乎与当时所有伟大的数学家或书信往来，或会面交流，随之逐渐凝聚成一个定期聚会讨论科学问题的国际科学家团体，后来被称为“梅森学院”。其重要性对于当今的科学家来说，有如现在的社交网络、学术会议或学术期刊等。

世界上最早建立的科学院之一——梅森学院，尽管还是非正式的，创始人就是马兰·梅森。

解析几何

笛卡儿只利用他建立的坐标系理论做一件事，即处理棘手的几何问题，也就是寻找与之对应的代数方程并尝试求解这些方程来解决几何问题。虽然这是一种强有力的技术手段，但使用起来有点像弹钢琴时只弹奏歌曲中难于演唱的调子。其实，代数学还大有用途。费马被笛卡儿的思想深深触动，他研究了代数式的图像，发现了许多新的形状和新的曲线，并找到了绘制几乎所有方程对应的曲线的方法。

从方程到图像

笛卡儿的创新思想为求解如下的联立方程组提供了一种新的方法：$(x-2)^2+(y-2)^2=4$ 且 $y=x-2$。要求解此联立方程组，可以用代数的方法。但是，几何学提供了一种更简单的方法。我们只需要画出两个方程的图像，就可以立刻看出答案：要么 $x=2$ 且 $y=0$，要么 $x=4$ 且 $y=2$。当方程组无解时，这种用几何方法研究方程组的思路会更有用。例如，方程组 $(x+2)^2+(y-2)^2=4$ 且 $y=x-2$ 何解？绘制两个方程的图像，可以发现两者无交点，因此方程组无解（除非考虑虚根，这就完全是另一个话题了）。这就避免了在寻找不存在的答案时浪费太多精力。

图中蓝色直线表示的都是方程 $y=x-2$ 的图像。上方红色的圆圈是方程 $(x-2)^2+(y-2)^2=4$ 的图像，而底部红色的圆圈是方程 $(x+2)^2+(y-2)^2=4$ 的图像。

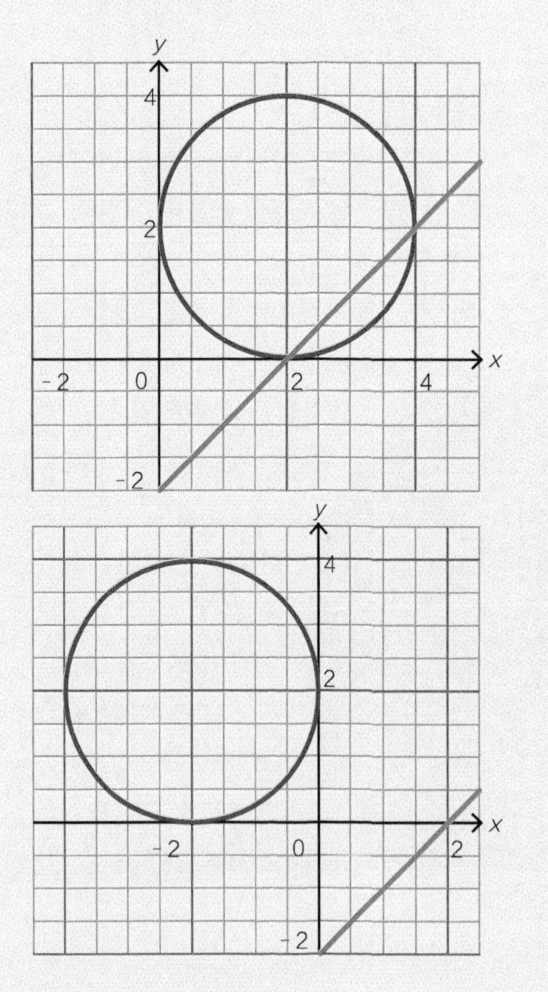

参数方程

如果我们知道如何借助工具画图，通常就可以求解相应的方程，明确移动物体的运动轨迹。例如，当一支记号笔沿着一根绕点旋转的棍子移动时，就会绘制出一条螺旋线，可以看到，随着时间（t）的推移，水平距离（x）和垂直距离（y）都依据方程 $x=t\times\cos t$ 和 $y=t\times\sin t$ 稳步增长。因此，我们可以使用这对方程来定义螺旋线。当关于 x 和 y 的一对方程都如上述方程那般与第三个量（通常是时间）相关联时，该量称为参数，而这种方程称为参数方程。参数方程常用于跟踪移动物体的运动路径。例如，某枚子弹或炮弹的路径方程由下面两式给出：

$$x=\text{水平速度}\times\text{时间}$$

$$y=\text{垂直速度}\times\text{时间}-16\times\text{时间}^2$$

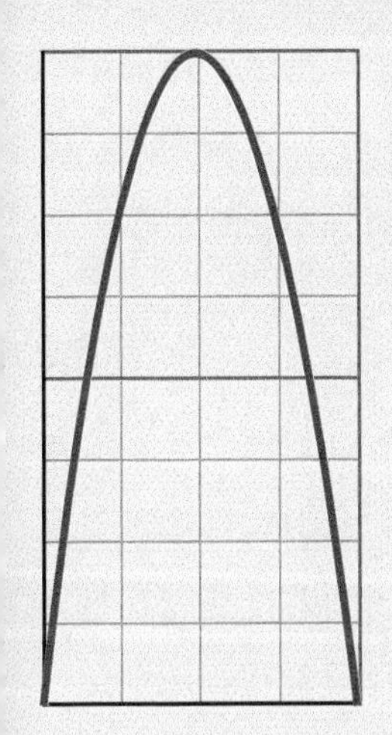

子弹等的弹道可以用参数方程来描述，该类方程含有参数。在弹道问题中，除水平速度和垂直速度两个自变量，常用时间作为参数。

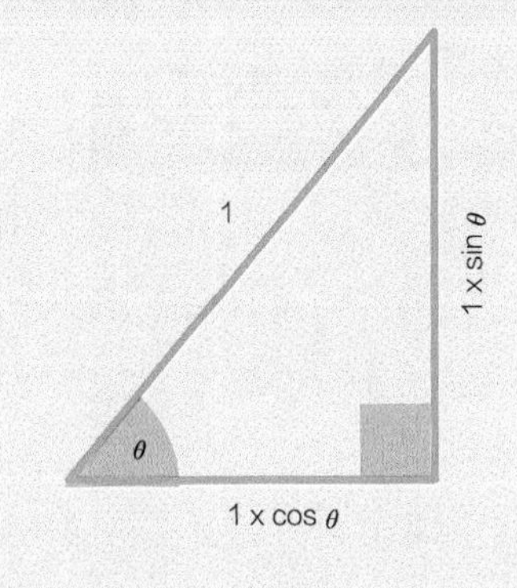

在圆上展示切线（正切函数）与正弦函数、余弦函数的关系。

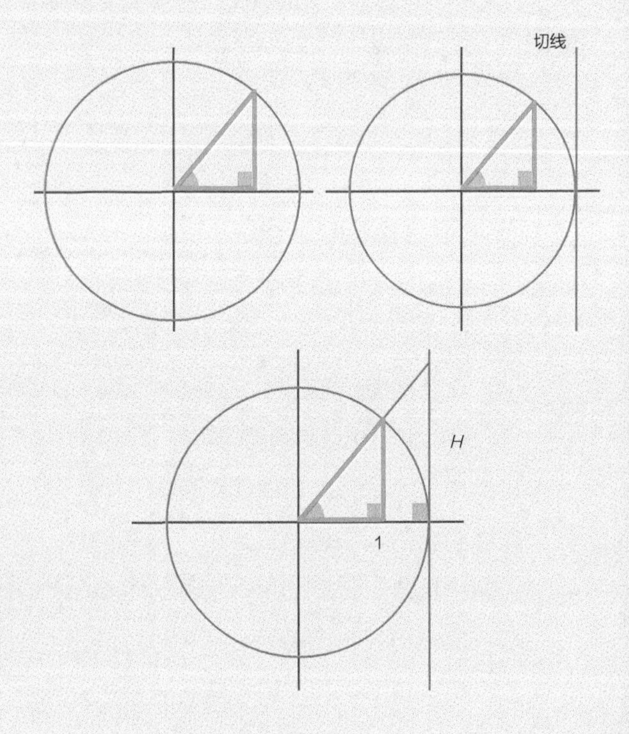

这两个方程的解其实还只是粗略的，因为没有考虑空气阻力的影响。其中，方程的速度解以“英尺 / 秒”为单位（1 英尺 =0.3048 米。如果选用“米 / 秒”为单位，方程中的系数 16 需要替换，大约为 4.9，此数约为地球重力加速度值的一半）。我们可以使用这些方程来描述子弹落地前的整个弹道，或者预测子弹在发射一段时间后某个时刻的位置。如果子弹以 300 英尺 / 秒的向上速度和 100 英尺 / 秒的水平速度向右发射，半秒后，其位置的粗略值为 $x=100\times1/2$，$y=300\times1/2-16\times(1/2)^2=150-16\times1/4$，即子弹位于发射位置右侧 50 英尺、上方 146 英尺的位置。

何为“切”？

为什么“切”一词既表示“恰触到曲线的一条直线”，又表示一类三角函数？尽管三角函数是在直角三角形中定义的，但其实在圆中最容易看出来。在任意直角三角形中，如上图所示，两条直角边长度分别为：角 θ 的对边的长度 = 斜边长度 $\times\sin\theta$，角 θ 的邻边的长度 = 斜边长度 $\times\cos\theta$。

正弦函数、余弦函数与正切函数

在一个直角三角形中，一个（锐）角的正弦函数值定义为其对边与斜边的长度之比（对边 ÷ 斜边），余弦函数值定义为邻边与斜边的长度之比（邻边 ÷ 斜边）。

这个角的正切函数值定义为对边与邻边的长度之比（对边 ÷ 邻边）。因为（对边 ÷ 斜边）÷（邻边 ÷ 斜边）=（对边 ÷ 邻边），所以，这就意味着正弦函数 ÷ 余弦函数 = 正切函数（$\sin\theta \div \cos\theta = \tan\theta$）。

三角形与圆周的关联

感谢笛卡儿和后续几何学家们的工作，使我们可以把三角形放置在坐标轴上，并绕其画一个圆（如上页图所示）。过圆周与轴的交点画圆周的切线（图中垂直蓝线）。最后以切线的一部分为边，如图画出第二个直角三角形。蓝色和绿色两个直角三角形的形状相同，这意味着它们的边长比例关系必然相同。在蓝色直角三角形中，对边与底边长度之比 H : 1，应该等于绿色直角三角形中相应边长的比 $(1\times\sin\theta)$: $(1\times\cos\theta)$。而 $\sin\theta\div\cos\theta=\tan\theta$（详见本页左侧方框）。

曲线族

解析几何的创立，拓宽了人们的思维格局，比如，人们意识到许多看似完全不同的曲线实际上有可能是密切相关的。如下面的方程，随参数 n 的变化，可以演变出多种曲线（a 和 b 的取值决定曲线的大小和形状，x 和 y 是曲线上点的坐标）：

$$(x\div a)^n+(y\div b)^n=1$$

这一发现源于另一位法国数学家加布里埃尔 · 拉梅的工作。拉梅本被期望做一名律师事务所的办事员，赚钱养家，直到 1811 年，16 岁的他在一个法律类图书馆里发现了令他触动极深的书——一本数学书。瞒着父母，他开始学习数学，并在接下来的几年里，寻找方法把数学融入他的各种工作之中，涵盖了铁路交通、建筑和矿业。最后，他成功在法国科学院谋得职位，并用其余生愉快而详细地研究他为解决许多实际问题而开发的数学方

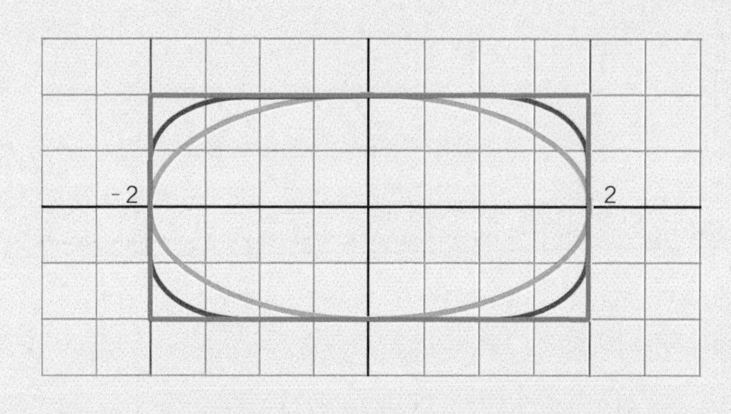

方程$(x\div a)^n+(y\div b)^n=1$中的参数$n$取3个不同值时的图像：绿线为$n$=2，红线为$n$=4，蓝线为$n$=100。

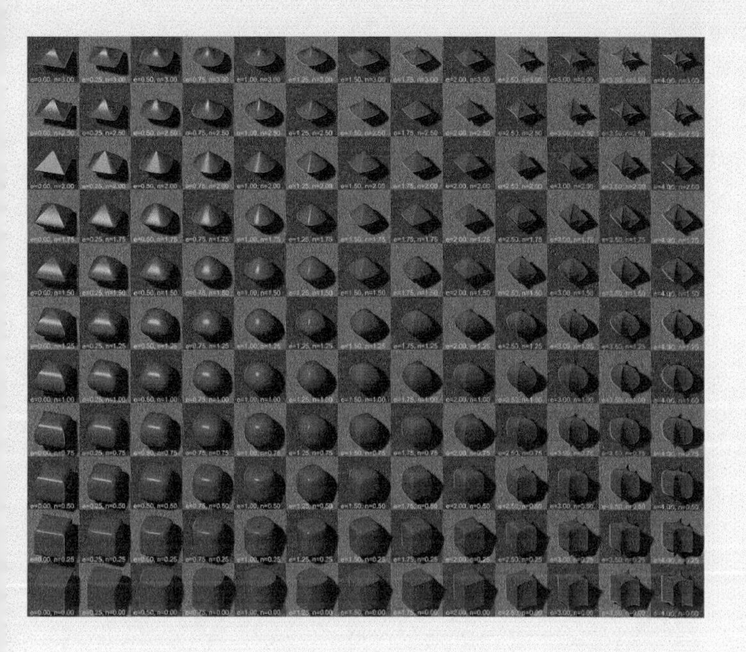

左图为一个完整的超椭球族，参数n在一给定范围内变化。立方体、圆柱体、球体和正八面体都是超椭球的特例。

法。上页图中，若参数n取2，就得到绿色的椭圆；若n取4，就得到红色曲线；若n取100，就得到蓝色的矩形。当n=2.5时，得到的形状被称为超椭圆，自20世纪60年代由丹麦设计师皮特·海因首次推广以来，它经常被用于建筑、陶瓷和家具制造之中。超椭圆的三维版本有时被称为超级蛋（部分原因是，与普通鸡蛋不同，它可以任意一端立起来而不倒）。

星形线

当n=3/2时，我们得到一条被称为星形线的曲线。使一个半径为1/4的小圆在一个半径为1的大圆内部，沿着圆周旋转，小圆圆周上任意一点形成的轨迹即为星形线。如果n=3，该曲线被称为“阿涅西的女巫”，以意大利女数学家玛丽亚·加埃塔纳·阿涅西的名字命名。该曲线的图像就像低矮的山丘或起伏的水波。

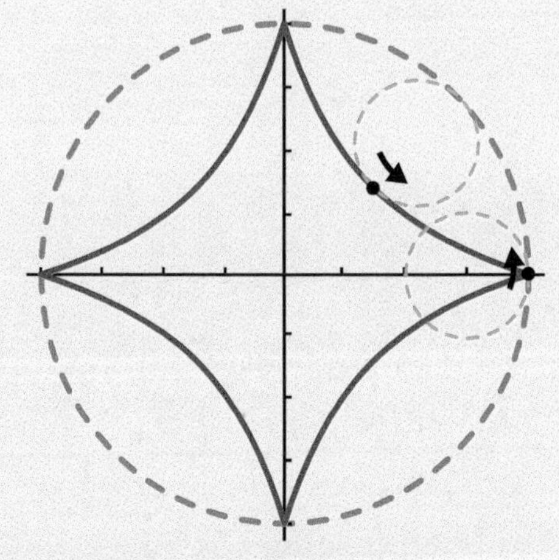

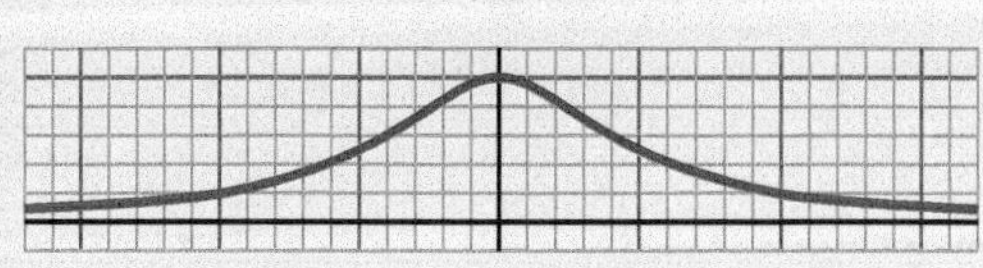

上图中的曲线是星形线，下图中的曲线被称为“阿涅西的女巫”。

参见：
- 三角形与三角学，第56页
- 古希腊三大几何难题，第64页

建筑中的几何学

早在建筑物存在之始，几何图形就被用于建筑的装饰美化。除了自古流行的黄金比结构，还有其他形状在不同时期的不同地域风靡。

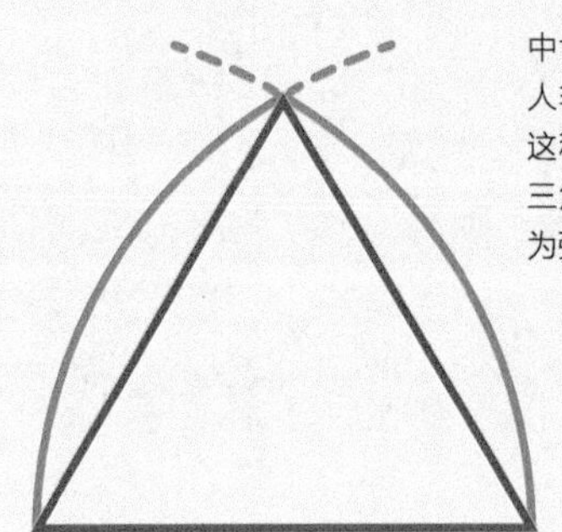

中世纪欧洲的诺曼底人非常喜欢尖拱门，这种拱门通常呈等边三角形，但两条边均为弧线形。

在 17 世纪的欧洲，两个半圆围出的椭圆形常常被用于花园和城市广场的设计中，其中的经典例子之一当数圣彼得大教堂的广场（建于罗马，今属梵蒂冈城国）。独特的线条也常常可以勾勒出

圣彼得大教堂的广场实为一个椭圆形，由两个半圆围成。

1753年英国艺术家威廉·贺加斯的著作《美的分析》（*Analysis of Beauty*）一书中的一张图片，包含了“美之线条”。这些曲线因其显见的优美雅致而被艺术家选用。

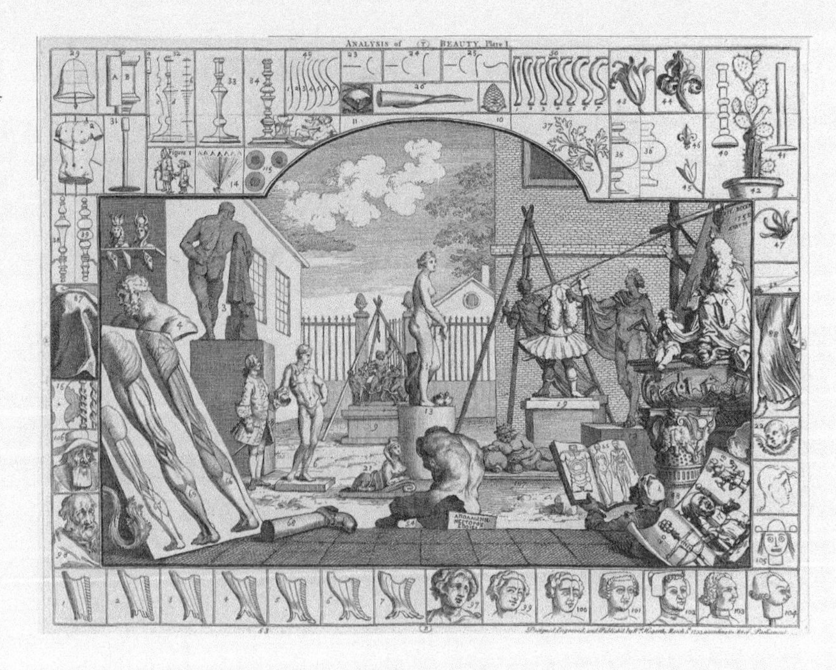

绝美的形状，如18世纪50年代英国艺术家威廉·贺加斯推崇的“美之线条”。

英国贝弗利大教堂的大门是一道双弯形拱门，其形状由两条互成镜像的S形曲线构成。

拱门

自罗马时代以来，拱门在建筑界一直很受欢迎，这是有原因的。要支撑起一个结构（无论是平顶、穹顶、墙体或是任何其他形状），最简单的解决方法是在两个支撑上放置一条梁，然后在梁的上方继续搭建（对于穹顶，可以使用截面为多边形的梁柱结构）。然而，过梁因此必须承受其上所有砌体的重量。鉴于其在重压下易弯曲变形，可知不光在它上方有一个强大的下向力，而且沿着它的底部还有一个强大的张力（拉力）以缓冲重压。石料在张力的作用下变得非常脆弱，

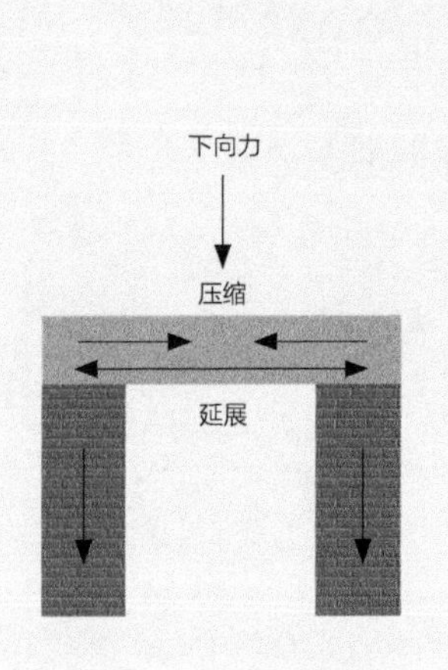

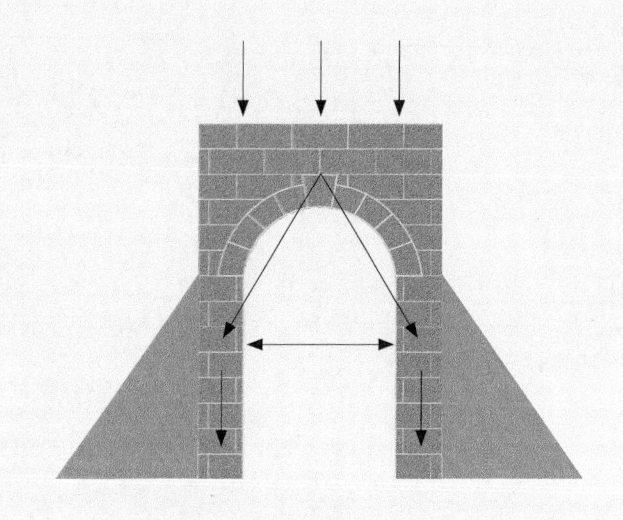

拱门的结构使得其上方砖石产生的下向力偏转了方向，拱只受到了压缩（压碎）力的作用。然而，在拱的底部除了下向力，还受到侧向力作用，所以，通常必须在拱的两边增加支撑结构以抵抗这种侧向力。

虽然木材韧性相对更强，但很难找到足够长、足够结实而又笔直的树干，来满足建筑师宏大设计的需求。

更强的结构

拱门结构克服了上述这些问题。拱门的形状使其上方砖石产生的下向力横向偏转，张力消失，这意味着建筑可以使用石料了。但从工程学的角度来看，最理想的拱门形状是什么样的呢？几个世纪以来，似乎没有人费心思考这个问题，人们只是不断尝试了许多不同的样式，选择的标准仅仅是美观度。

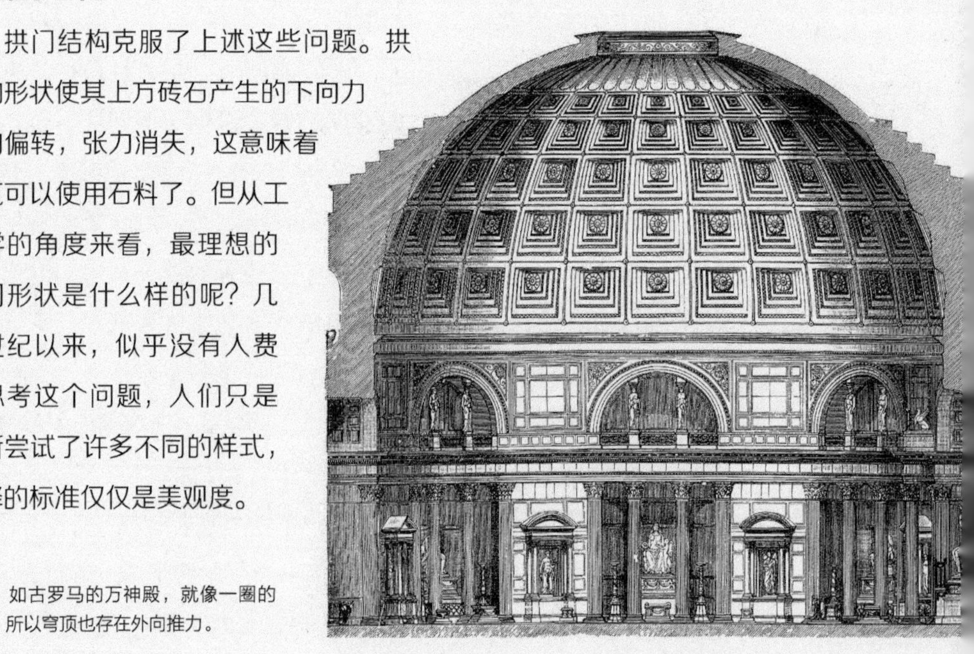

穹顶，如古罗马的万神殿，就像一圈的拱门，所以穹顶也存在外向推力。

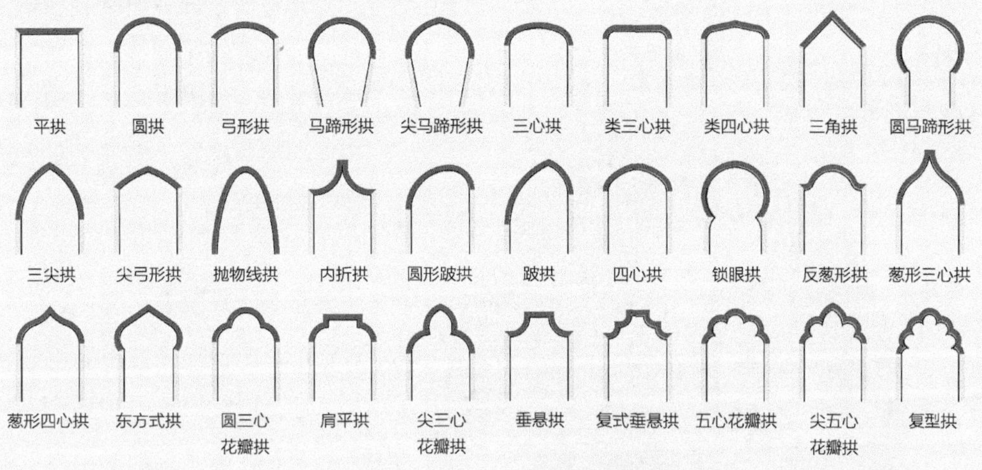

上图罗列了一套拱门样式，它们以不同形状命名，而非强度的差异。

建筑学数学化

诸如建筑的强度、抗风性、尽可能大的窗户设计等因素一直是建筑师和建筑工人关注的，但直到17世纪末，才有人开始从数学的角度来分析这些问题。在此之前，人们只是不断地尝试，不断地纠错，反复试验，有时，建筑建成后不久就倒塌了。

方山修道院是英格兰南部一座巨大的建筑，曾是一项庞大的工程，耗时17年才建成，而11年后的1825年，就因为塔过高而倒塌。

依（数学）书建房

1666年，伦敦发生的大火摧毁了伦敦的大部分地区后，人们开始意识到建筑的设计与建造需要建立在科学的、数学的研究分析基础之上。旧时伦敦的建筑和街道是经过几个世纪缓慢演变而形成的，城市布局非常杂乱，存在大量建造不合格或维护不善的建筑，所有的建筑都簇拥在狭窄的街道两侧。因此，当年的大火一起，火势迅速蔓延至全城。新建的城市得克服这些弊端，完全变个模样，必须精心规划布局，合理设计，夯实建造。幸运的是，17世纪是一个重视科学研究的时代，克里斯托弗·雷恩是当时

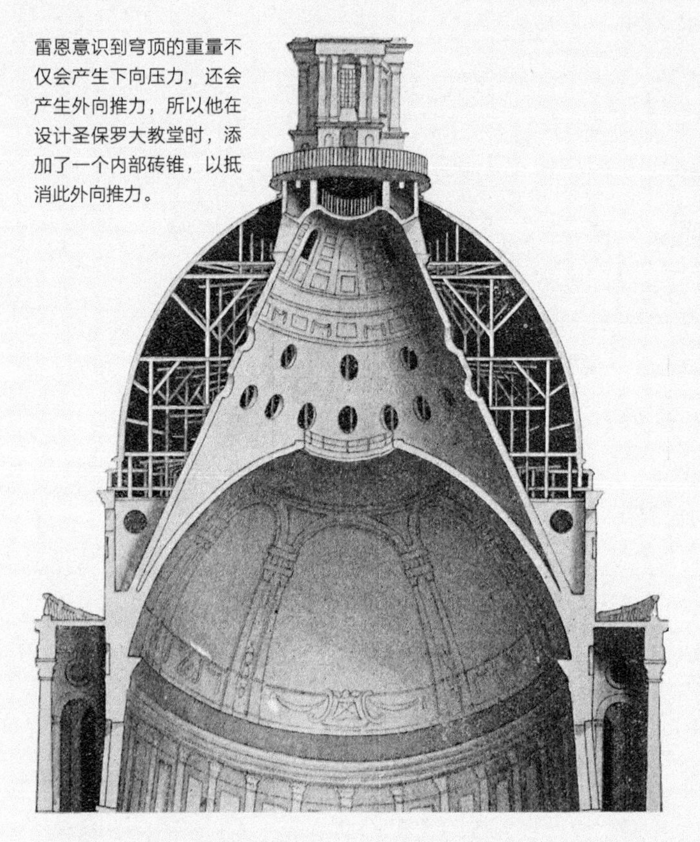

雷恩意识到穹顶的重量不仅会产生下向压力，还会产生外向推力，所以他在设计圣保罗大教堂时，添加了一个内部砖锥，以抵消此外向推力。

最伟大的建筑师之一，也是一位科学家和数学家。正是他受委托建造了当时伦敦非常重要的新建筑——圣保罗大教堂。他在设计初始，尽其所能地进行科学分析。雷恩的朋友罗伯特·胡克可能就曾鼓励他采取较之常规更科学的建筑方法。胡克当时是英国皇家学会的会员，而英国皇家学会是全世界最古老且从未中断过的科学学会，发起者包括马兰·梅森（见第99页）。胡克期望找到一种完美的拱门，其形状足以分担上方砖石的重量，使每部分承载的重量一致。这将使之尽可能地轻且薄。胡克研究发现，这种形状必然是一个倒置的悬链线形。悬链线是由一根沉重的绳子或链条固定两端后，自然下垂形成的曲线。

三角形搭建

把多根吸管首尾相连粘住，就能做出各种多边形，但是，除了三角形，其他的都极易变形毁坏。而毁掉一个三角形，需要撕毁胶带或者把吸管折弯。正因为如此，三角形在建筑和工程中经常被使用。例如，许多桥梁设计都使用三角形大梁。20世纪20年代，一位名叫瓦尔特·鲍尔斯费尔德的德国工程师设计了一种由许多三角形构成的网格球顶结构，非常坚固，并且非常轻。现在几乎没人再记得他了，但不少人都听说过理查德·巴克敏斯特·富勒，一个美国工程师，他在20年后把这种球顶结构的设计推广了开来。（鲍尔斯费尔德还修建了第一座现代天文馆，但该馆被命名

悬链线的形状看似倒置的抛物线，但实际上，两者并不相同。

原理

艺术画廊定理

虽然大多数人喜欢住在立方体形状的房间里，但艺术画廊设计师们需要考虑形状更加复杂的房间构造。不过，如果他们设计的画廊有很多角落，窃贼们就容易找到藏身之所，那么，在同一时间需要多少看守来守护画廊内的收藏品呢？答案是 $n \div 3$ 或再少些，其中 n 表示馆内角落的个数。这依赖于一个古老的发现：任何多边形都可以被分割为多个三角形（详见第 31 页）。如果将画廊的平面图划分为多个三角形区域，并在每个三角形区域的某个角上安排一位看守，每位看守可以观察（至少）一整个三角形区域。因为画廊的每一个位置均位于一个三角形之中，所以，整个画廊就都在看守们的守卫之中了。答案中之所以要“÷3”，是因为从每个三角形区域的 3 个角中选出了一个有看守驻守。可能这个定理对于画廊管理者们来说并无多大用处，但它吸引了数学家们数十载：如果允许看守四处巡视，或者展厅有大型的独立展品遮挡了看守的视线，又或者墙体是弧形的，此问题的答案就变得十分复杂。

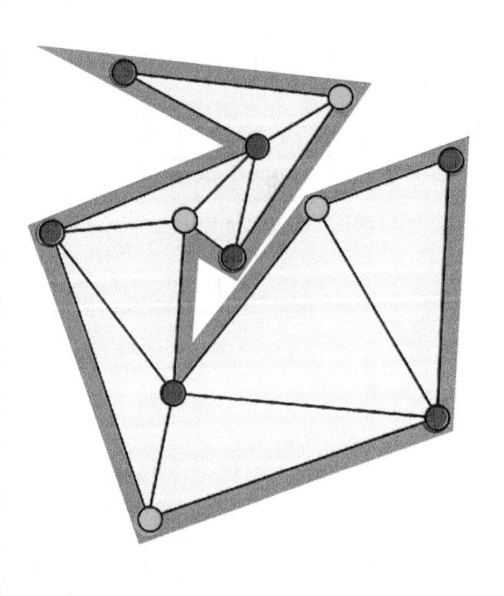

为蔡司天文馆，所以也几乎没有人因此馆而铭记他的大名！）

除了三角形，其他多边形都比较容易变形。如图，当垂直施压，三角形保持不变，但其他多边形形状都发生了改变。

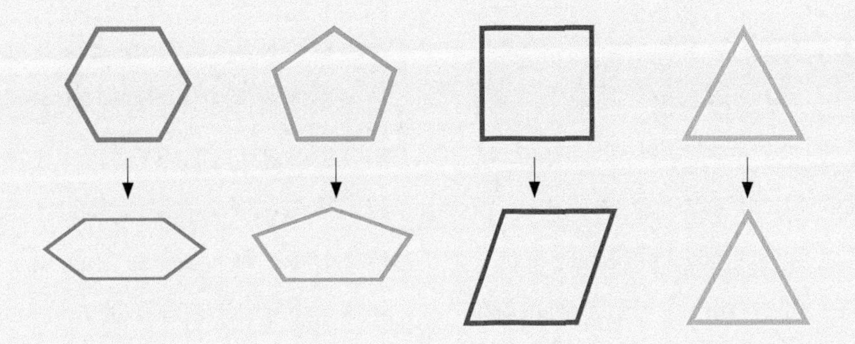

图中的梁桥是一种结构坚固、造价低廉的三角形桁架结构。

高科技设计

基于透视几何学开发的软件，人们可以从任意角度观察一座规划设计好的建筑。几何学亦有助于确定构建块的形状，并且，当需要从板材上切割材料时，借助几何计算可以确保切割方式达到最小损耗。切割工具可能是高压水射流切割机或激光切割机，均可通过软件直接控制。一些形状奇特的建筑，如伦敦的标志性建筑——“小黄瓜”（Gherkin，名为圣玛丽阿克斯30号大楼），运用了许多几何学原理，这些原理虽在数十年前就已为人所知，但在计算机软件开发出来之前，光靠人工，难以用其进行精确计算。

参数建模

直到20世纪末，用于建筑的几何学知识通常还只是基于简单的形状，如长方体（用于房间）和三棱柱（用于屋顶），这是因为更复杂的形状在荷载下或风力下，是否能承受或能承受多少外力作用难以计算。问题并不是物理或几何上欠缺方法，而是实际计算过于耗时。而建筑师和他们的客户不断修改设计的细节，使该问题更加突出。因为一个建筑的各部分都是相互关联、相互支撑的，改变一个房间的设计，必然会涉及其相邻房间设计的改变，任何改动往往意味着几乎所有的计算都必须重新进行。

如今，一种叫作参数建模的技术使事情变得简单许多。一旦规划的建筑模型开发完成，参数建模软件将自动计算更改一个“参数”（例如风速、建筑材料、壁厚或天花板高度）对其余设计的影响，并标记所需的更改。例如，改变建筑材料可能需要使墙体加厚，地基更深（以承受增加的重量），但也允许使用功率较低的供暖系统和空调系统。

几何学的新使命

从几何学角度分析，“小黄瓜”有3点不寻常之处：它没有角，中间膨起，整体呈螺旋形。此3点既是为了实用，又是为了美观，也是为了解决一些设计中的问题——那些约一个世纪前的建筑师可能不会感到是困扰的问题。例如，居住在大楼附近的人们会感觉舒适吗？他们会觉得这楼令人不安吗？“小黄瓜”有效利用能源了吗？在刮风的日子里，长方体形状的摩天大楼会令周边的人非常不快，因为风受大楼阻挡会被迫在拐角

加拿大蒙特利尔的“生物圈”（自然生态博物馆）是一个由相互连接的三角形围成的多面体网格球顶建筑，由建筑师理查德·巴克敏斯特·富勒于1967年设计。

处迅速改变方向，在那里形成旋风。“小黄瓜”的圆形无角造型避免了这一点，中间的“膨起”也降低了建筑底部附近的风速，同时，此设计使附近抬头看楼的人看不到楼顶，让大楼看起来更矮，因此不那么让人感到压抑、恐慌。与直边的摩天大楼相比，此结构遮挡的阳光也更少。

“小黄瓜”的整体造型可以在窗户打开时，让风平缓穿过房间，自然通风，这样在炎热的天气里可以省下空调费。这种效果是通过将每一层都比下一层稍微旋转一定角度建造，形成螺旋形结构而实现的。当风吹过时，螺旋形结构会使空气被引向四周。

坐落于伦敦的瑞士再保险公司大楼——“Gherkin”，其名字在英文中是“小黄瓜”的意思。

参见：
▶ 美之数学，第26页
▶ 晶体，第134页

鲁珀特亲王的问题

鲁珀特亲王是英国国王查理一世的外甥，戎马大半生。他 22 岁投身于 1642 年开始的英国内战之中，站在保皇派一边，反对议会派。当保皇派战败（国王查理一世被斩首），鲁珀特（实为德国人）移居国外，在许多国家为不同的派别作战，直到 1660 年英国的君主制恢复后才回到英国。

这种生活经历对于一个科学家来说是不寻常的，但鲁珀特在极少的平静生活中抽时间研究了科学。他发明了一种既几乎坚不可摧，又几乎脆弱无比的玻璃液滴，叫作“鲁珀特之泪”，并发现了一种看起来酷似黄金的新型铜矿。在数学方面，他是一位编码和译码专家，而编/译码能力在当时“阴谋诡计横飞”的英国是极其宝贵的才能。

切割立方块

鲁珀特还痴迷于几何学，他研究了切割空心立方块，即“能否得到一个足够大的截面来让相同的立方块穿过”这一问题。鲁珀特公开提出此问题并向世人发起挑战，他打赌答案是可以。但后续如何了呢？鲁珀特并不是一个好脾气的人，所以当解出这一难题的人是约

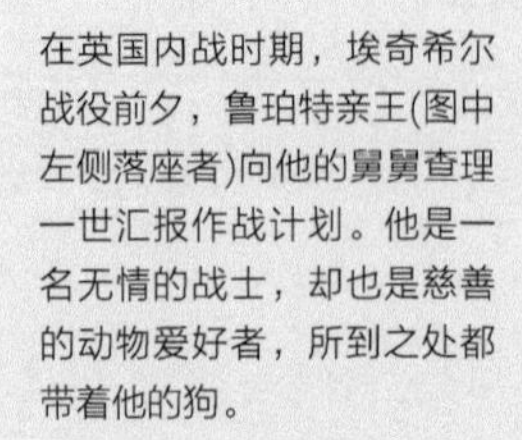
在英国内战时期，埃奇希尔战役前夕，鲁珀特亲王(图中左侧落座者)向他的舅舅查理一世汇报作战计划。他是一名无情的战士，却也是慈善的动物爱好者，所到之处都带着他的狗。

鲁珀特亲王问题的两种解决方案。

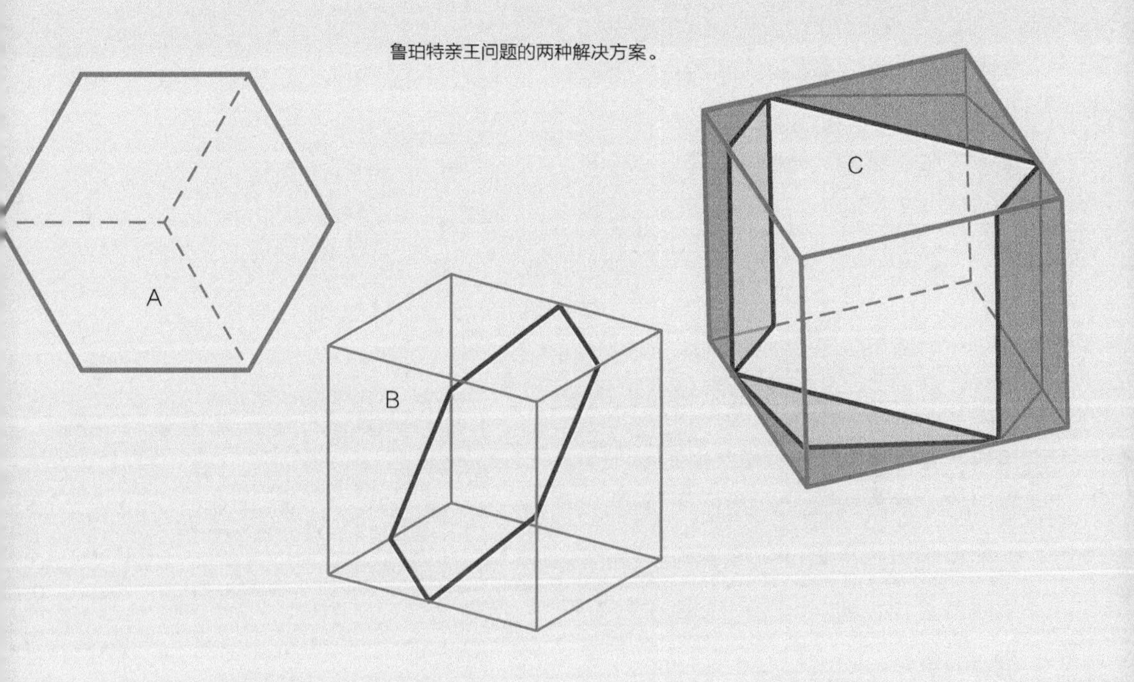

翰·沃利斯时，他的心情糟糕透了。沃利斯不仅是国会议员，也是鲁珀特的对手。当时，鲁珀特是保皇派的编码和译码专家，沃利斯则是议会派同领域的专家。

答案

握住一个边长为1分米的空心立方块，使得你只能看到立方块的一个面，然后切除此面以及其相对的面，那么，这就是你能挖出的最大的洞了。但是，它并不足以让另一个边长为1分米的立方块穿过。那么，我们能挖个更大的洞吗？约翰·沃利斯给出的解决方案是：倾斜立方块，直到可以如图A那般直视其一个角。此时立方块的外轮廓是一个六边形。在不完全毁坏这个立方块的各面的前提下，尽可能地沿外轮廓线切割，就会得到一个六边形截面，如图B所示（原来立方块的各面在图中保留，只是用来做比较）。用一点三角学知识就能发现边长为1.035分米的立方块正好穿过此六边形。事实上，在沃利斯赢得鲁珀特的赌注大约一个世纪后，人们找到了一个更佳的解决方案。最大的洞如图C所示，它可以容纳一个边长约1.06分米的立方块。

参见：
- 贴砖与平面密铺，第70页
- 透视法，第76页
- 填充空间，第90页

高维

成为数学家的乐趣之一是可以探索与真实世界截然不同的想象世界。然而，有时这些数学研究又向我们揭示出，我们的世界实际上是以一种不同于我们以为的方式存在的。此中一个例子是关于维度的研究。

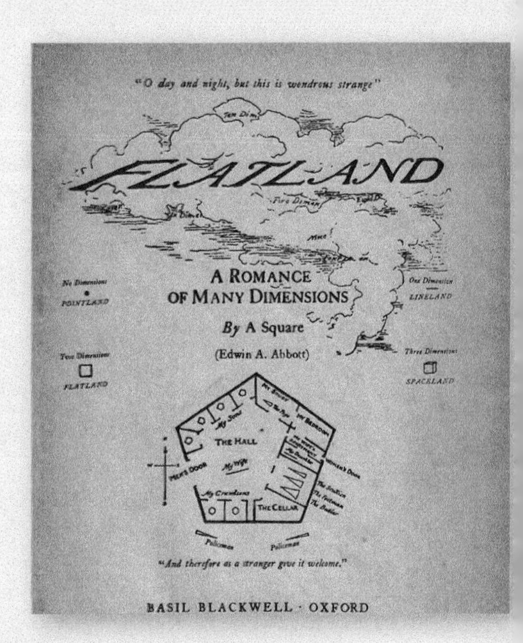

1884年，埃德温·阿博特在他的著作《平面国》（*Flatland*）一书中探讨了其他几个维度的世界。有趣的是，书中的主人公A.Square正是指代作者自己——阿博特（Abbott）。

你是三维的，但我们现在使用的这些词是二维的，它们有长度和宽度，但没有高度（或厚度）。直线只有一个维度，而点根本没有维度。想象一下，如果你是二维的，就像纸上的一个字，有宽度和长度，但没有厚度。那么，你不能跃出纸面看到其上方的世界，只能观察两侧的情况。你只能看到近旁事物的边缘，所以你的视线只能是一维的。

我们到底看到了什么?

我们也一样。我们之所以能看到，是因为光线在我们的视网膜上形成了二维图案。是我们的大脑，整合两只眼睛所获得的稍有不同的图像，然后告诉我们这些物体在三维世界中的形状。加上触觉，我们对三维物体就有了比较清晰的认识，虽然我们看到的只是二维图像。

有时你需要触摸一个物体来感知它的形状。我们的大脑会将一些形状视为脸——带有鼻子、嘴唇等凸起的脸部。但是仔细看一看，左图中这些著名的面孔是第一次出现在你面前吗？（提示一下，从左到右依次是爱因斯坦、曼德拉和贝多芬。）

三维球访问扁平世界

但一个“扁平”的人如何看待三维物体呢？让我们尝试着让一个三维球体从扁平世界外的一侧出发，穿过扁平世界，到达另一侧。在此过程中，扁平世界里的人会看到一个圆点逐渐扩大成一个圆圈，然后又渐渐缩小，最后消失。一个立方体（如果先是它的一个角触及这个扁平的世界）将先逐渐变大为一个三角形，这个三角形也会先扩大再缩小，而更复杂的固体将有更复杂的形状变化过程。扁平世界的人们会把它们都认作三维的访客，因为它们都会扩大然后缩小。如果这种情况经常发生，我们将很快就能识别出不同的形状。作为三维的人类，我们能从这个假想的场景中学到什么呢？也许，我们可以依此学会如何观察四维形状。调整角度，一个四维立方体（又被称为超立方体或四维超立方体）从我们的三维世界穿过，我们看到的可能是一个常见的立方体（三维立方体），只是它会在我们眼前先扩大再缩小；一个四维球体可能会表现为一个先扩大再缩小的三维球体，等等。我们也可以从数学的角度研究更高维度的空间，把不同维度的空间看作一个空间族列，观察我们熟悉维度的空间之间是如何相互关联的，以及它们的顶点（角）数、

埃德温·阿博特绘制了右图，描绘一个三维球体穿过扁平世界的过程。扁平世界里的二维居民首先看到一个圆点，这个圆点逐渐扩大成一个圆圈，然后又逐渐缩小成一个圆点，最后消失。

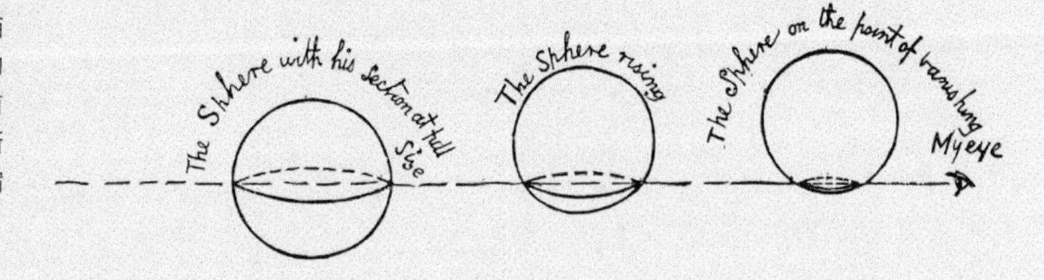

形状	维数(D)	顶点数（V）	边数（E）	面数（F）
点	0	1	0	0
线	1	2	1	0
正方形	2	4	4	1
立方体	3	8	12	6
四维超立方体	4	16	32	24
五维超立方体	5	32	80	80
六维超立方体	6	64	192	240
D维超立方体	D	2^D	$D\times\frac{V}{2}$	$(2\times F_{(D-1)})+E_{(D-1)}$

边数和面数之间的关系。然后把这些发现应用到更高维度的空间中，如左侧表格所示。低维度空间中隐藏的关联，引导我们得到任意维度空间中的一般公式。例如，表中面数的计算方式为“取上一行中形状的面数，乘 2，再加上该形状的边数，即所求形状的面数”。

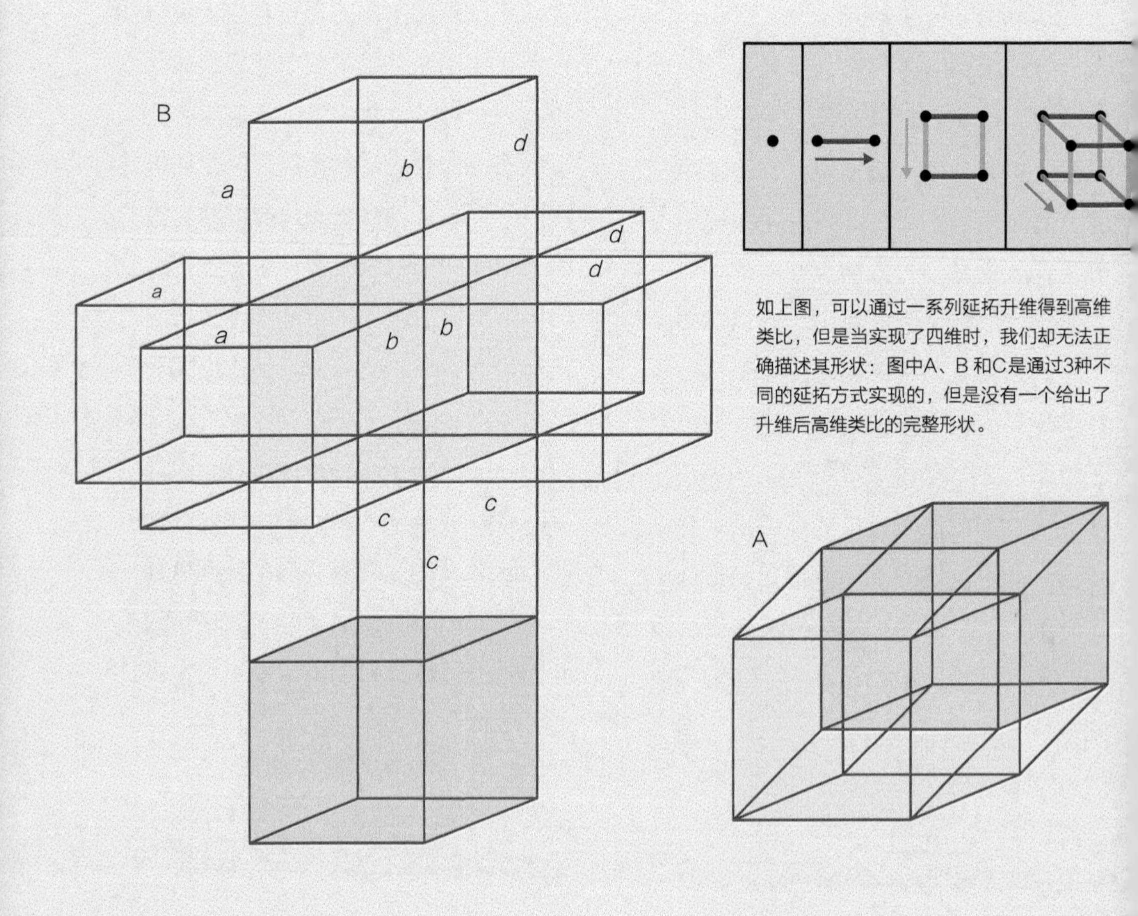

如上图，可以通过一系列延拓升维得到高维类比，但是当实现了四维时，我们却无法正确描述其形状：图中A、B 和C是通过3种不同的延拓方式实现的，但是没有一个给出了升维后高维类比的完整形状。

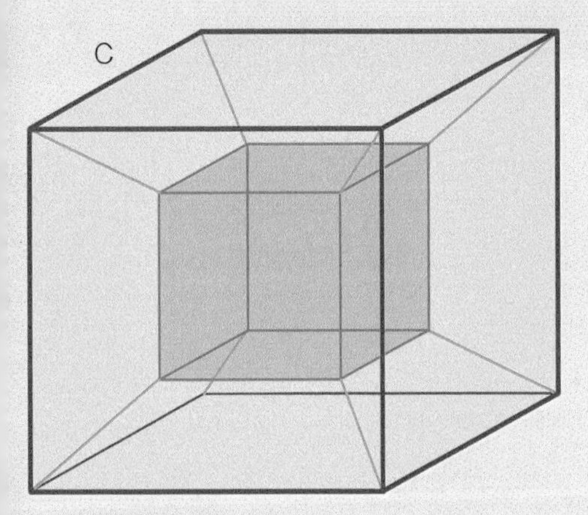

一个立方体是在三维空间中由6个正方形拼成的，而一个四维超立方体是在四维空间中由8个立方体拼成的。图中的绿线是被扭曲的立方体的边。

进入超空间

我们可以将一条线看作一个点向一侧延伸所得，将一个正方形看作一条线段向上延伸所得，将一个立方体看作一个正方形向外（即页面外）延伸所得。如果我们继续这个思路，一个四维超立方体可以看作一个三维立方体沿着第四个维度延伸所得的四维类比（至此，进入一个我们感触不到的空间或超空间），如上页图 A 所示。不过，我们真能画出这个由立方体延伸而得的超立方体吗？首先，可以在立方体的每个面附上一个新的立方体，如图 B 所示，但这并不完全正确，因为新添的立方体应该相互关联。实际上，图 B 中标记为 a 的 3 条线是同一条线，标记为 b、c 和 d 的 3 组直线亦然，以此类推。如果我们允许立方体被扭曲发生形变——所有真实的三维物体的平直线条都发生扭曲，那么可以纠正上述错误，绘制上面的图 C。此图唯余一个问题，即外部黄色立方体的大小应与中心立方体的大小一致。

隐藏的维度

物理学家也可以探索高维空间。最近解释物质和能量转化的尝试是弦理论，它认为自然界的基本单元（如电子）都是由微小的振动结构构成的，

四维超立方体的内部

如果我们真的遇到了一个边长为 10 米的空心四维超立方体，非透明，那它看起来就会像一个立方体。但如果每个面上都有“门”，研究它，将会揭示其真实面貌。进入任何一扇门，我们都会来到一个边长为 10 米的房间，每面墙都有一扇门，地板上有一个活板门，天花板上还有一个。事实上，这个房间看起来和立方体的内部结构一样。但是，穿过任何一扇门，你都会发现自己身处一个一模一样的立方体房间，而不能走出去（看见“地面”或“天空”）。从那个房间，至少有 3 扇门会把你带到另一个一模一样的房间，而其余的门会把你带到外面（看见“地面”或“天空”）。如果你继续探索，会发现有 7 个房间，总共有 54 扇门，其中 9 扇门面向天空，9 扇门面向地面，36 扇门再次把你带到另一个房间，而所有这些一模一样大的房间又都存在于一个与它们一模一样、边长为 10 米的立方体里。

原理

奇特的高维空间

虽然通过分析我们熟悉的低维空间，可以帮助我们探索更高维度的空间，但这种方式会让人产生“高维空间与低维空间相似，只是维度增加”这样的错觉。而事实远非如此：每个维度的空间都有其独特怪异之处。

四维空间：在重力作用下，三维空间会发生卷曲，但这些卷曲总是平滑的，航天器或行星在卷曲发生的位置会平滑改变方向，就像火车在拐弯处会沿着轨道平滑拐弯一样。但在四维空间中，方向会瞬间改变——这可能会毁坏途经的任何四维物体。

五维空间：虽然 **5** 种柏拉图立体都有四维类比，但是正二十面体和正十二面体没有五维类比。

七维空间：在三维世界里，我们可以逐渐挤压一个球体，使之成为越来越扁的扁球体。七维空间中的一些“奇异”球体也可以转变为扁球体，但它们的转变是突然发生的，没有经历中间的形变过程。

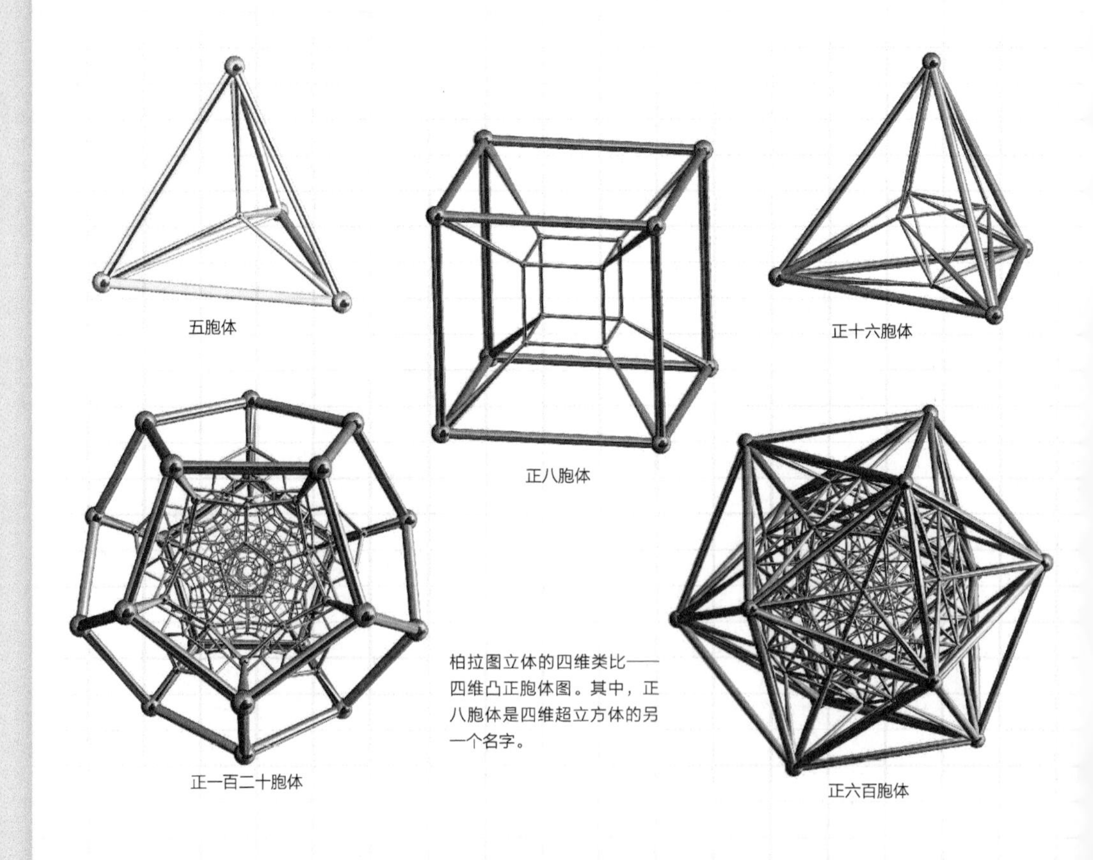

柏拉图立体的四维类比——四维凸正胞体图。其中，正八胞体是四维超立方体的另一个名字。

他怎么能确定这个空间里物体的位置呢？要定义一维、二维或三维空间中一个物体的位置，分别需要一个、两个或三个坐标——因此，你的位置可以描述为本初子午线以西1000千米，赤道以北500千米，地心以上2560千米，或者是三元数组（-1000, 500, 2560）。而无穷维空间中物体的位置需要无穷多的坐标。这可能实现吗？

此结构称之为弦。但建立这个理论框架，空间至少需是十维。为了解释之前无人注意到的高维问题这一显见的事实，物理学家建立了两种理论。一是，我们就像生活在两片玻璃之间的蚂蚁，我们对更高的维度一无所知，是因为有些东西阻止我们进入更高维度的空间。二是，在多出来的维度上，空间可能卷缩得太紧，以至于太小而无法被观察到。我们知道三维空间可以弯曲或扭曲（见第158页），所以第二种理论是可能的。这有点像白纸上的黑色细线，看似一维线，但在放大镜下可见，它实际上为三维实体。

戴维·希尔伯特与他构造的一条神奇的曲线（如此页上图所示）：一维的曲线，却填满了二维的平面区域。

希尔伯特空间

事实上，这相当容易，因为数学家非常善于运用无穷数列。一个简单的数列(1, 2, 3, 4, …)无限继续，最终可以定义出一个点（正无穷大点）。所以，我们也可以很轻松地定义一些形状。如将二维圆周定义为离圆心等距的所有点的集合，三维球体的定义也完全相同，四维球体、五维球体等的定义亦然——直到无穷维球体的定义，它仍是如此（译者注：借助希尔伯特空间中的范数概念）。希尔伯特空间被物理学家运用于研究量子理论，在该理论中，粒子具有无穷多种可能的状态。

无穷维度

19世纪末20世纪初，德国数学家戴维·希尔伯特开始探索无穷维空间。

参见：
- 完美之形，第30页
- 几何+代数，第96页

拓扑学

莱昂哈德·欧拉的姓氏听起来就像“贩油人”[Euler的发音很像oiler（油商）一词]。尽管这位日耳曼人（译者注：欧拉出生于瑞士德语区城市巴塞尔）一生中很长时间几近失明，他却是历史上最成功的数学家之一。

从柏拉图立体到雪花的形状，一直以来几何学家对形状的分类饶有兴趣。然而学者们研究的形状比真实世界中的形状通常要简单得多，原因在于现实中的大多数形状很不规则，以至于大都未被命名，即使有名字，那些名字本身（譬如“梨形”）也没法用公式准确地给出定义。不过，1799 年有人发现了一种全新的方法来刻画所有形状。

秘诀就是不再纠缠于某一个物体的精确形状，而是选择它与别的形状共有的某些特质来分类。不管怎样，毕竟人们在定义“梨形”时并没有指定一个精确的形状，只是遴选出所有梨子共有的一些特征，所以这是讲得通的。尽管我们很难列出到底是些什么特征，但是并不妨碍我们顺利地使用这个词。

洞洞的个数

引入“特征”这种分类方法的正是莱昂哈德·欧拉，他根据形状所含有的洞的个数来将它们归类：依照此法，球面、立方体、梨和香蕉都统统是零个洞的形状，而管子、甜甜圈和铁环全部都只有一个洞，小提琴有两个洞，一把有10 个横档的梯子则有 9 个洞，其他的照此类推。通过这项研究，欧拉开创了一个新的数学领域，今天称之为拓扑学。因为这套方法简单、清晰，并且聚焦于一个有用的特征，所以它真的是很好的分类法。假设有一个又大又软的沙滩充气皮球（不过有点漏气），就可以超级容易地将其挤弄成一个椭球体，或者一个梨形，或者一个香蕉形。但是，不把它弄破的话就没法把它变成甜甜圈的样子。

对特征的定义

为了准确地刻画具有不同洞数的形状之间的差异，还是需要某种公式——欧拉就给出了一个公式：

顶点数-棱数+面数=2

这个公式对任何没有洞的形状都成立。举个例子，一个立方体有8个顶点、

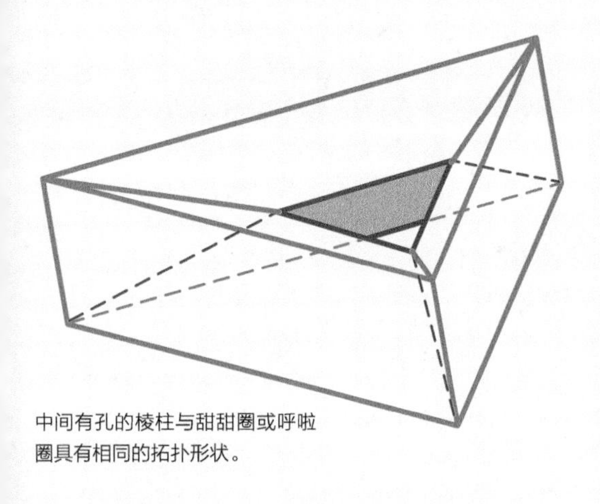

中间有孔的棱柱与甜甜圈或呼啦圈具有相同的拓扑形状。

12条棱和6个面，而正好$8-12+6=2$。再比如说，一个四面体有4个顶点、6条棱和4个面，那正好也有$4-6+4=2$。既然可以把一个立方体“重塑”（译者注：这里的“重塑”是指像前面的沙滩充气皮球一样不戳破而仅仅是用挤压或者鼓气充胀的方式去改变形状）成一个四面体或者一个球体，那么倒是可以假设上述公式适用于所有没有洞的形状。但是对于有洞的形状，答案就不一样了，就比如上图这个三棱柱，它的中间还有一个三角形开口，它有9个顶点、18条棱和9个面，然而$9-18+9=0$。事实上，针对任何有一个洞的形状，上述方程的右边取值（称为该形状的欧拉示性数）均为零。如果形状中有两个洞，那么欧拉示性数是-2。对于具有任意数量孔洞的形状，欧拉示性数可根据如下公式计算：

顶点数−棱数+面数=2×(1−孔洞的个数)

因为不同的形状在拓扑上等价这件事并不总是一目了然的，所以这个公式真的是特别好用。拓扑等价的意思是说，在有多少个孔洞这件事情上是一致的。对拓扑学者而言，如果不经过任何粘接或者切割就可以把一个形状捏制成另一个形状的话，那么这些形状均可被视为相同的形状。

重要的相似之处

虽然根据孔洞的数目对物体进行分类这件事可能听起来怪怪的，不过事实上物体的拓扑结构确实至关重要。例如，

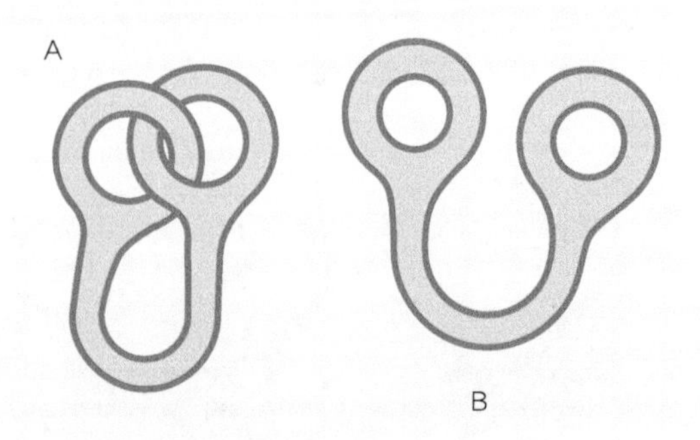

从拓扑学的角度来讲，形状A和B是一样的吗？它们可以像下面那样互相变成对方的样子。所以答案是肯定的。

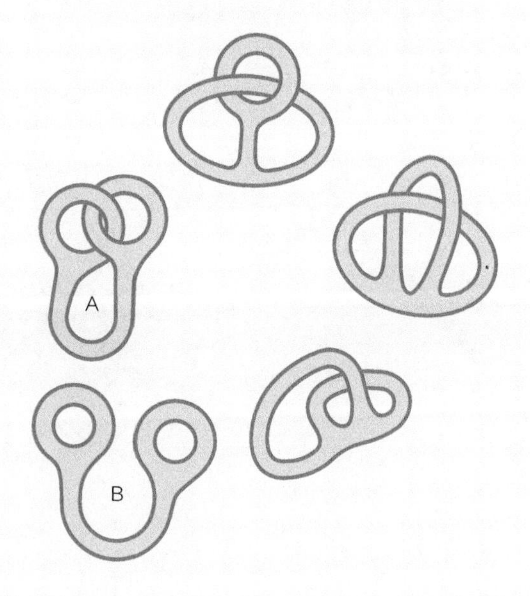

拓扑地图

乘坐地铁的时候，人们无须关注列车怎么略微倾斜或者如何拐个弯之类，只要知道怎么乘车到达自己的目的地就好了。因此，在 1931 年的英国，一位名叫哈里 · 贝克的工程师绘制了一张伦敦地铁的地图。在这张地图上，所有的线路都被画成笔直的，不管是哪个车站，它与相邻车站之间的距离都被画得大致相同，如下图所示。贝克的地图有一点是准确的，那就是它的拓扑——两个车站之间的连接关系。这张地图一目了然，用处相当多，所以从此以后它的各种版本就广为流传，别的城市也仿照这种方式去为它们的地铁网络制作地图，如右图所示。

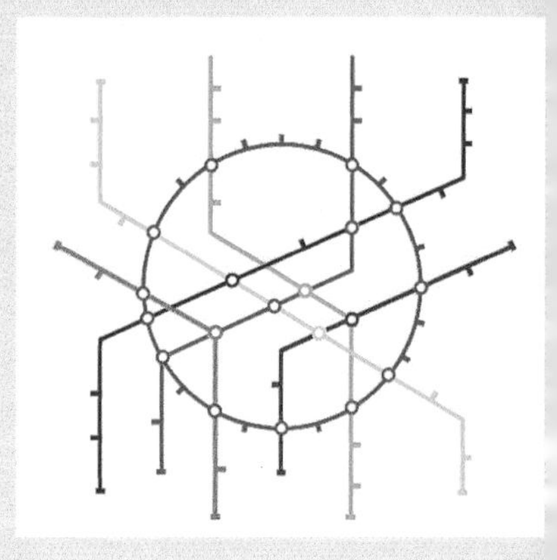

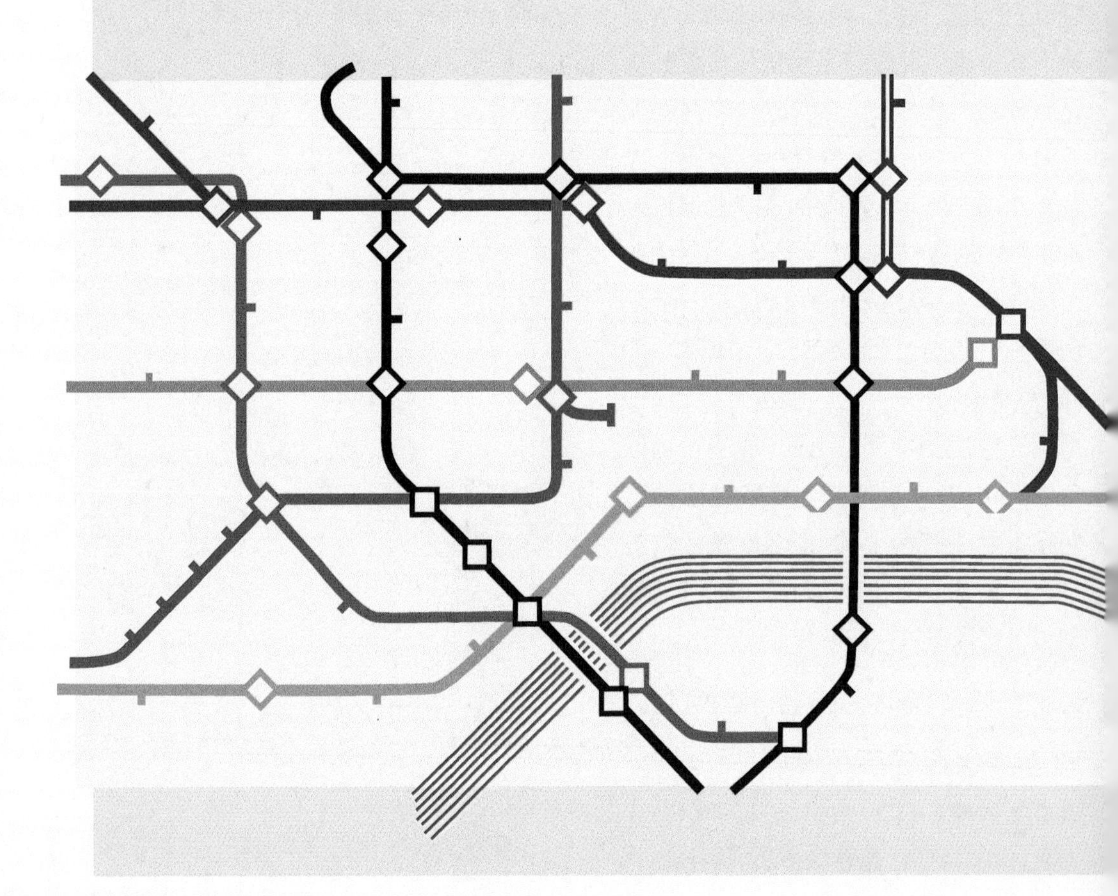

手术室中的拓扑学

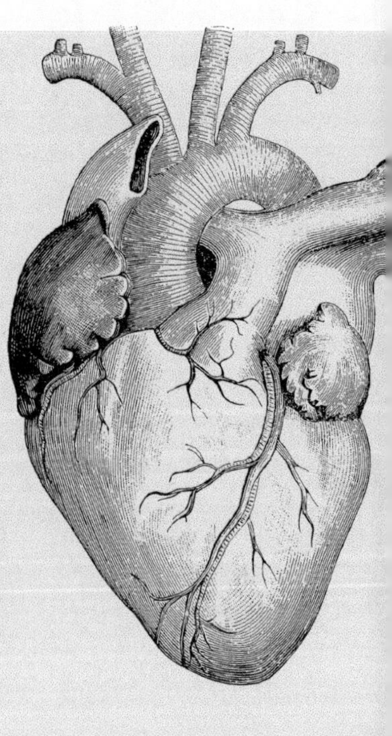

人体内部每个器官的形状与大小都会随着年龄和健康状况发生变化，而且还因人而异。器官之间是怎样相互连接在一起的？每个器官有多少个开口？这些都很要紧。也就是说，器官的拓扑结构至关重要。假如心脏对外的 4 个开口中有一个被堵塞，那除非有外科医生疏通这个开口或者施行心脏搭桥手术，用一个新孔来替换原来堵塞的开口，要不然心脏的主人很可能就会死亡。假如有人中弹了，人体就增加了新的孔洞，也就是这个弹孔，如果不把它堵上，它就会致人死于非命。另外，当动脉和静脉之间出现一个开口（称为瘘管）时，想要病人康复的话也必须关闭这个开口。拓扑学绝不只是用于手术。现今的 X 射线图像是如此复杂和详细，以至于必须先用计算机对其进行处理，然后医生才能有效地解读这些图像。这些图像能揭示出所拍摄的器官具有怎样的拓扑结构。在很多情况下，计算机所做的主要工作就是计算出那些拓扑结构。

你总是希望自己的木桶有正确的孔洞数。另外，尽管人与人之间千差万别，但是所有人都有相同的拓扑结构——这一点我们和所有其他哺乳动物差不多都一样。而且，对于水管工、洞穴探险者和外科医生来说，明白他们所面对的系统的拓扑结构几乎是工作中最重要的事了。拓扑学很可能是当代数学最活跃的研究领域，而且对它的研究有许多实际意义。

建立联系

拓扑学研究面、面的边以及它们的连接关系，这样可以发明很多新的结构并研究它们。最著名的例子是默比乌斯带。虽然它只是扭了一圈的一条纸带，但是跟别的纸张不同的是，它只有一个面。如果你试着给它的一部分着色，瞬间就会看出来了——不用把默比乌斯带翻个面，它的每一处都将被很快上色。

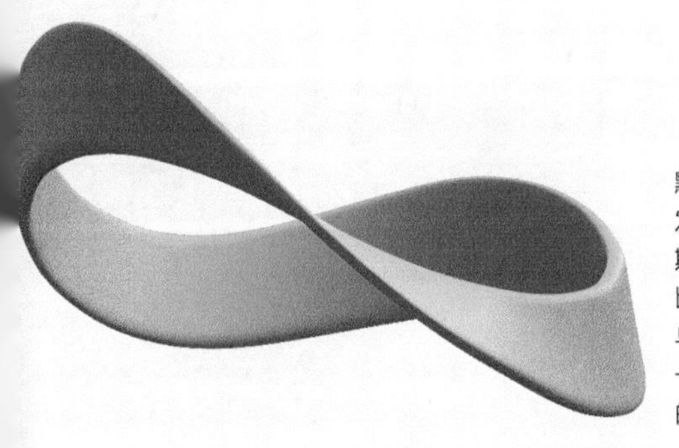

默比乌斯带是以它的德国发现者奥古斯特 · 默比乌斯（又译为奥古斯特 · 麦比乌斯、奥古斯特 · 牟比乌斯）之名命名的，它是一个只有一条边和一个面的三维对象。

参见：
- 球形世界的平面地图，第82页
- 庞加莱猜想，第150页

三角形中的圆形填充

今天，来自各国的数学家用社交媒体沟通交流，并去世界各地开会，数学已然成为一门国际性的学科。因为所有数学家都使用数学符号作为语言，所以数学这门学科事实上比大多数其他学科要更国际化一些。

但是这些都是相对来说比较近期的发展。尽管阿拉伯人与古希腊人的数学知识有着紧密的联系，但在印度、中国、日本和其他一些地方，数学是独立发展的。世界上某个地方的人使用到的数学技巧和定理在别的地方有可能几十年甚至几百年都不会被发现。而有时候互不相识的数学家又几乎同时做出了同样的发现。

不留名的大人物

例如，18 世纪晚期日本几何学家安岛直圆研究了如何将 3 个圆填充进一个三角形从而使得余下的空白空间尽可能小。不过，因为意大利数学家吉安 · 弗朗切斯科 · 马尔法蒂在 1803 年也研究过这个问题，所以现在这个问题被称为“马尔法蒂问题”。

大理石切割问题

马尔法蒂把这个题目看成一个非常实用的问题，至少一开始是从实用的问题入手去解决的。给定一块大理石，它的形状是三棱柱——横截面是任意形状的三角形，那么可以从中凿刻出的最大的 3 根圆柱是什么样子的呢？马尔法蒂

吉安 · 弗朗切斯科 · 马尔法蒂是18世纪末意大利几何学的领军人物。他参与建立了科学机构，而且该机构就是意大利国家科学学院的前身。在他生命的最后几年里，他对3个圆填充一个三角形问题进行了研究，后来这个问题就以他的名字来命名。

图A显示了马尔法蒂最初的方法。图B改变了这一方法，使用一个内切圆，它与三角形的3条边相切。图C展示了适用于窄三角形的最简易的答案。

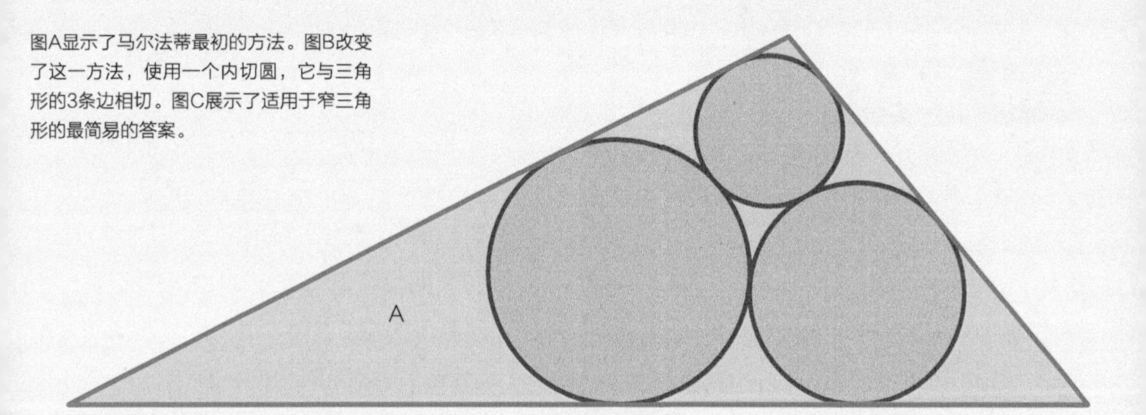

认为这个问题的答案是3个圆在三角形内所能达到的最大面积值，而且这3个圆中的任何一个都必须与另外两个圆以及这个三角形的两条边相接，他认为自己已经得出了结果。很快其他几位数学家也以不同的方式证明这个结果是正确的。

另一个问题

不过数学可没那么易于把握。尽管包括马尔法蒂在内的那些数学家所做的推演都是正确的，但还是留下了一个问题。马尔法蒂心中的大致想法虽然看似无可挑剔，但是事实上对这个问题做了不必要的限制。上面的图A显示了符合要求的3个圆是相接的。如果这是个必要条件，那么马尔法蒂的答案就是正确的，这一点是可以肯定的。但是，如果想要的只不过是物尽其用而不浪费地做3根尽可能大的圆柱，那当然没必要一定强求3根圆柱完全互相衔接。如果去掉这个限制，那就可以先在三角形的大理石中放置一根圆柱，这根圆柱与三角形的3条边都相接（这就是所谓内切圆，参见图B）。然后，再尽量把另外两根柱子塞进剩下的空间里，这样浪费的大理石就少一些。对于非常窄的三角形，

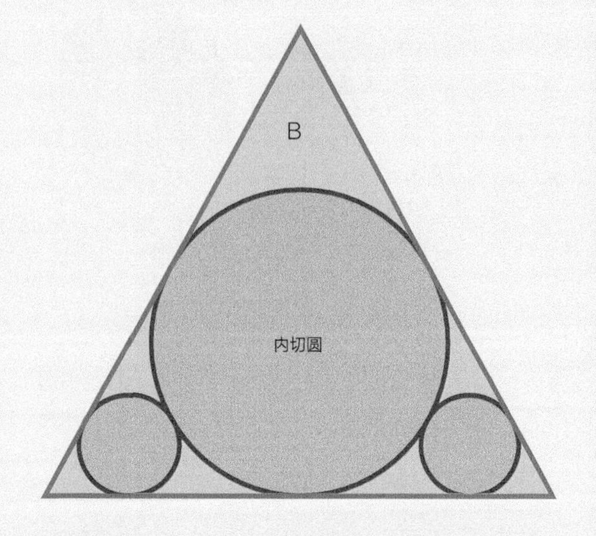

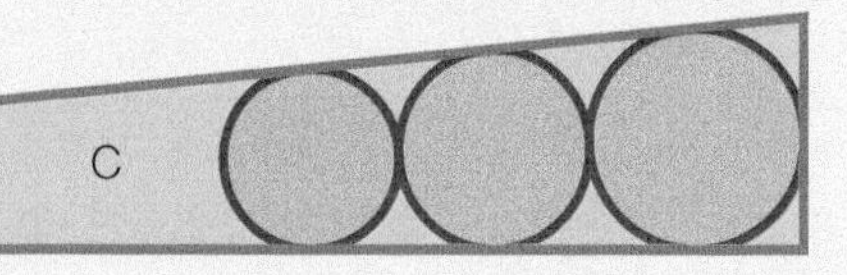

会骗人的图形

图形也有可能会导致其他类型的问题。设计师有时候就会利用图形的视角来“误导”观众。下面这张大一些的图说明——至少一眼看上去是——电视频道B拥有最多的观众。但是小一些的图揭示了真相：电视频道A、B、C所拥有的观众数量几乎一样多。

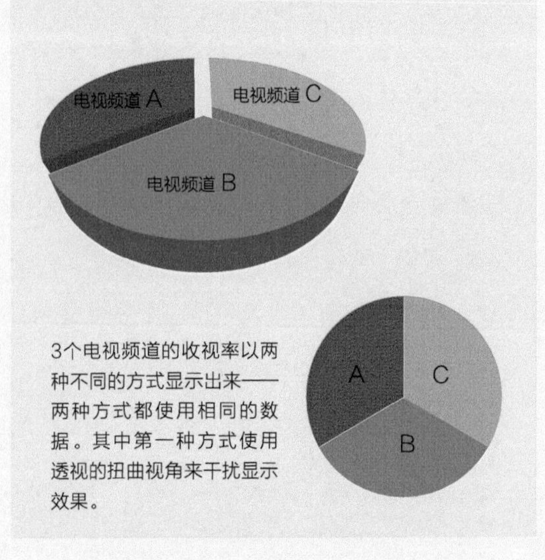

3个电视频道的收视率以两种不同的方式显示出来——两种方式都使用相同的数据。其中第一种方式使用透视的扭曲视角来干扰显示效果。

就跟上页图C展示的一样，还有这样一种更有效的办法。要是马尔法蒂首先考虑的是窄得多的三角形石料，那一开始他就能得到正确的答案。

会掉链子的三角形

仅使用画图来解决数学问题可能会使人“误入歧途”，上面这个实例就说明了这一点。要证明涉及所有三角形的一个定理，总是需要画一个特定的三角形，所以就隐藏着一种危险：要是得到的证明仅适用于画出来的那个特定三角形怎么办呢？虽然几何图形用途甚广，可确实有些时候它显得“成事不足而败事有余”。戴维·希尔伯特（见第119页）对画图可能给数学证明引入的陷阱保持了高度警觉。1899年，他成功地研究出了欧几里得几何学的一种刻画方式，在他的论述中根本就不需要画图。画图所起到的作用现在全部都是由21个公理构成的一套体系来实现的，而欧几里得几何学中的每一个结论都可以用这些公理来证明。

人类的弱点

或者也不是弱点。在2003年一些数学家试图把希尔伯特提出的几何学换个版本表述，这样就可以在互联网访问，但是他们发现希尔伯特当年的很多证明竟然依赖于画图方法，希尔伯特也落入了当年马尔法蒂同样落过的陷阱中。虽然希尔伯特用到图形只是为了把数学证明说清楚，然后详细说明了要完成证明需用到的所有公理和其他的数学表述，但是，怎样正确地使用这些数学表述，有时候还真不得不画图来表达清楚。尽管希尔伯特的著作问世一个世纪的这段时间里，已有数百人阅读、研究和核实过他的研究工作，但还是直到使用计算机对希尔伯特的论述进行核实的时候人们才发现了错误。作图对数学而言可能既捉摸不定，又充满危险。

原理

还有一种几何误差是由视错觉引起的。在右边这张图中，哪个蓝色区域看起来面积更大？因为这张图中的 **5** 个环的环宽相同，所以我们可以很容易得出它们的大小。想象它们是一系列圆盘，小圆盘在大圆盘上。假设中间的小圆盘的半径是 **1** 厘米，那么它的面积一定是 π 平方厘米（因为圆的面积 $=\pi r^2$）。其他圆盘的半径分别是 **2** 厘米、**3** 厘米、**4** 厘米和 **5** 厘米，因此它们的面积分别是 **4**π 平方厘米、**9**π 平方厘米、**16**π 平方厘米和 **25**π 平方厘米。然后利用减法求出圆环的面积（从小到大）：第一个圆环的面积 = 第二个圆的面积 − 第一个圆的面积 = **4**π 平方厘米 − π 平方厘米 =**3**π 平方厘米，以此类推，圆环的面积依次是 **3**π 平方厘米、**5**π 平方厘米、**7**π 平方厘米和 **9**π 平方厘米。靠里面的阴影区域由小圆（面积为 π 平方厘米）和两个圆环组成，其面积是 **9**π 平方厘米，这个值与靠外面的蓝色圆环的面积值一样。但这跟看起来的样子一样吗？

下面和右边的图形还会让人产生更多的视错觉，图里面几何尺寸相同的物体被“扭曲”了。

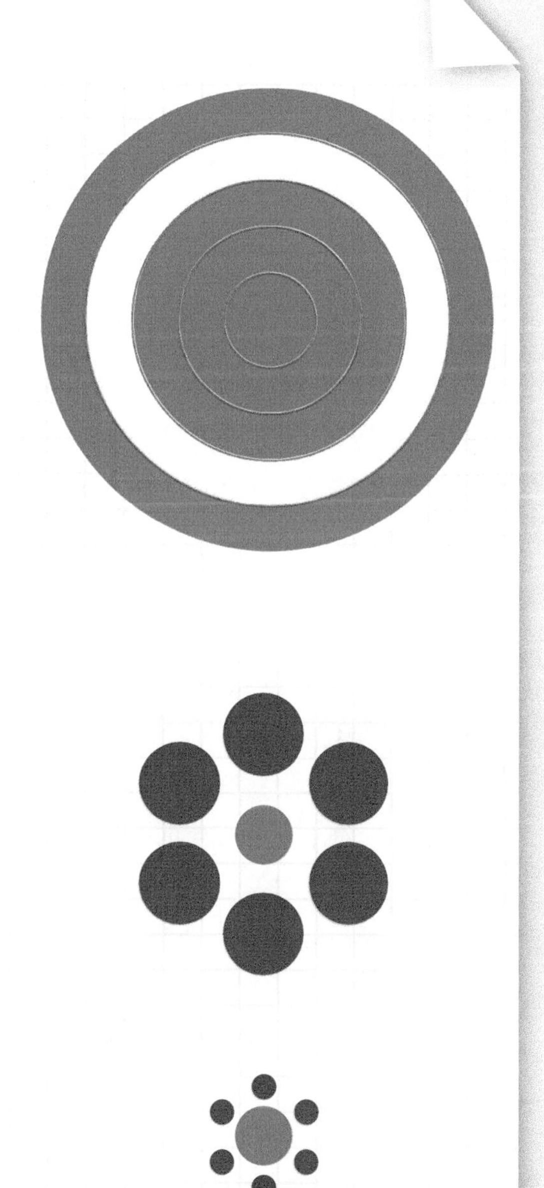

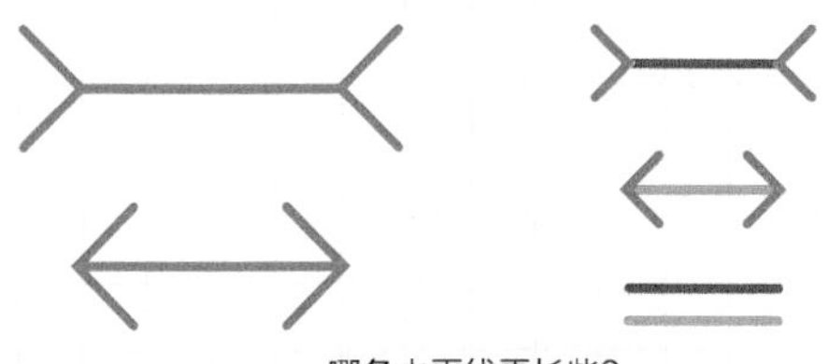

哪条水平线更长些？

哪个蓝色的圆更大？

参见：
- 透视法，第76页
- 四色问题，第138页

非欧几何

在欧几里得之后的几个世纪里，许多人试图证明《几何原本》中的平行公设（第五公设）——两条直线可以无限延伸而永远不相交。其中一位正是阿拉伯学者伊本·海赛姆，他就是在西欧鼎鼎大名的海桑。

伊本·海赛姆是光学(关于光的科学)的奠基人物。他把光束当作直线，以此通过几何的方法来研究这门学科。

伊本·海赛姆大约在公元965年出生于今伊拉克。由于他擅长把数学运用到实际问题中去，所以在当地声名鹊起。不过，即便是最伟大的数学家，对自己的能力过于自满也是不明智的。伊本·海赛姆曾经夸下海口，说自己可以通过几何学的力量来控制汹涌的尼罗河，他吹的这个牛差点带给自己一场灾难。伊本·海赛姆的妄语传到了哈里发哈基姆的耳朵里，于是哈基姆派他到埃及的阿斯旺去把他的构想付诸实践。不出人们的意料，他无法控制尼罗河，所以很快到开罗另谋高就。当那份新的工作也无果而终的时候，当地的埃米尔（阿拉伯酋长的称号）就查抄了伊本·海赛姆的所有财产以示惩罚。要不是他后来装疯卖傻，他可能会遭遇命中噩劫——即便那样，他仍然被软禁多年，直到那位埃米尔去世他才重获自由。

这时候伊本·海赛姆再不用假装疯癫，他就把大把的空闲时间投入任何天

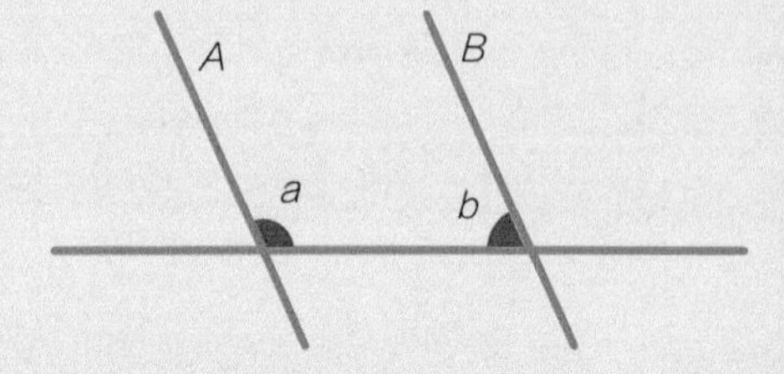

如果直线*A*和*B*是平行的，那么角*a*和*b*的度数之和一定是180°。

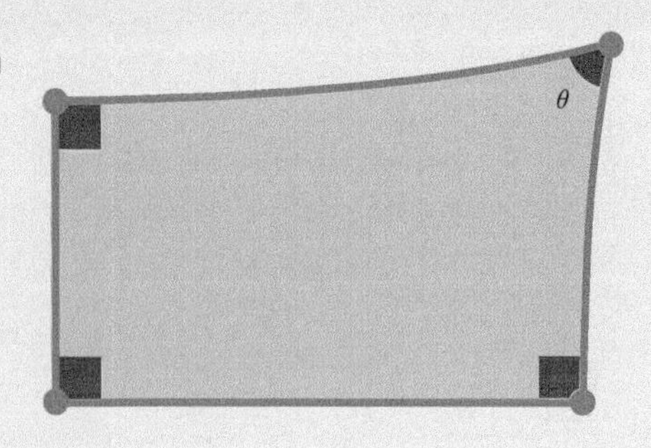

朗伯四边形是一种有3个内角总是直角的四边形。

才都会做的事情上——追求科学突破。其中，他试图证明欧几里得的第五公设，看上去似乎已经成功了。

奇怪的形状

为了证明第五公设，伊本 · 海赛姆定义了一种新的四边形，它的 3 个角是直角，而第四个角可以是任意度数。如果试着去画这样一个形状出来，你会发现第四个角也总是直角。伊本 · 海赛姆认为，如果他能证明这一点（即第四个角是直角），那么第五公设就能证明了（见第 48 页和第 128 页）。然而，仔细剖析伊本 · 海赛姆的著作可以发现，只有在假设第五公设成立的前提下他的证明才是有效的，所以这样实际上又回到了问题的原点。

第四个角

数学家约翰 · 海因里希 · 朗伯在 1766 年也探究了同样的思路。和伊本 · 海赛姆一样，朗伯也想证明第四个角一定是直角，原因就在于要是成功的话，他就能够证明第五公设。不过，刚一开始他先去探索这样一个问题，如果第四个角小于或大于直角，那将意味着什么。结果朗伯发现，如果第四个角比直角还小，那么三角形的内角和

约翰 · 海因里希 · 朗伯是双曲几何学的一位初创性人物。在双曲几何中三角形的内角和小于180°。

在球面上，三角形面积越大，那它的内角和就越大。假设我们生活在一个椭圆空间里，那么所有的三角形，即便是那些用尺子在纸上画出来的三角形，也都有这样的特点。

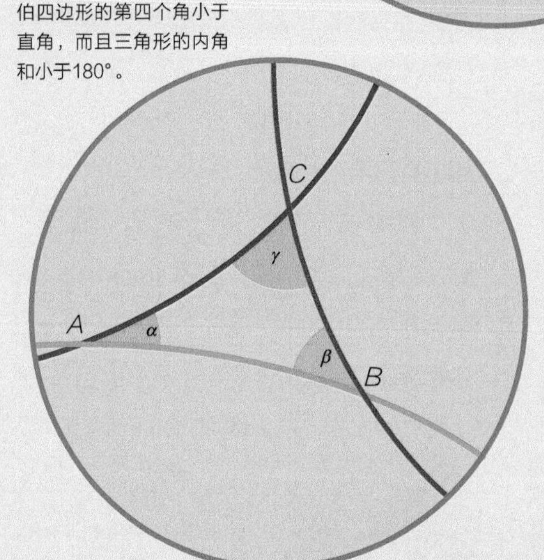

另一种新的几何是双曲几何。在双曲空间里面，朗伯四边形的第四个角小于直角，而且三角形的内角和小于180°。

就会小于 180° （还有其他一些不寻常的结论）。要准确地回答还得看三角形的大小。但是这一点跟一个非常基本的假设是相矛盾的。例如，在埃拉托色尼测量地球的大小时（见第 50 页），他就假设所使用的三角形的内角度数只依赖于三角形的形状，而不依赖于三角形的大小。所以，他能够把只有几厘米长的三角形和地球一般大小的三角形进行比较。而这一点在朗伯提出的新奇的几何世界中是不可能发生的。

打破规则

朗伯意识到几何学最基本的规则可能是错的，虽然他对自己的这个想法深恶痛绝，但是仍然承认自己个人的感受无关紧要，他说："可是这些基本规则都是爱恨交织的产物，无论在几何学中还是在科学体系中都不应该作为整体列于其中。"朗伯的精神令人敬仰。虽然别的一些数学家也对朗伯研究的问题产生了兴趣，但是直到 1830 年这种新的几何学研究才走上正轨并很快产生了两项彼此独立的数学成果，一项由匈牙利数学

双曲面是凹进去的，这也就意味着它的曲率是个负数。

《爱丽丝漫游奇境记》中的疯帽人的茶话会。该书的作者刘易斯·卡罗尔（他也是一位数学家）试图说明在他看来一些数学新观点的愚蠢之处，包括非欧几何。为此，书中描绘了本不可能发生的混乱。

家亚诺什·鲍耶取得，另一项由俄罗斯人尼古拉·伊万诺维奇·罗巴切夫斯基取得。

两个新的世界

因为欧几里得几何很大程度上是建立在第五公设的基础上的，所以鲍耶和罗巴切夫斯基的几何学被称为非欧几何。非欧几何有两种——双曲几何和黎曼几何（又叫椭圆几何）。在双曲几何中，朗伯四边形的第四个角小于 90°；而在黎曼几何中，相同的这个第四角大于 90°，而且三角形的内角和大于 180°。实际上二维球面上的形状就遵循这些规则，所以事实上那时候地图制图人就已经运用黎曼几何的原理长达好几个世纪了。尽管如此，在那之前几乎没人去考虑人类周遭的世界可能是那个样子的，原因在于把世界想象成那个样子将会导致“奇闻异事”的发生，比如，在一张平整的纸上画一个三角形，它的内角度数之和竟然超过 180°。事实上，非欧几何的世界里没有“平整”的东西，也没有呈“直线”的事物。因为光线就不是直的，所以这个世界不是它看起来的那个样子，当你靠近物体时，它们的形状就会发生变化。

亏角

面对一个崭新而陌生的领域，任何数学家都会去寻找一种方法把它量化出来，也就是说，用数字来准确刻画它。量化非欧几何空间（简称非欧空间）的一种方法是定义三角形的“亏角”，也就是 180°与三角形内角和之间的差值。这个值在双曲空间里是负数，在欧几里得空间（即欧氏空间）里等于零，而在椭圆空间里为正数。三角形的这个差值最大能达到 180°，在这种情况下，三角形各个内角的度数都等于零，而它的轴是无穷大的——尽管马尔法蒂略显尴尬的错误（见第 124 页）表明用作图来代替数学证明有多么不靠谱，可是正因为可以不费劲地画出三角形，所以刘易斯·卡罗尔对那些三角形的不信任又反过来表明作图是多么有用。我们只需要始终记住，非欧空间的三角形的边看起来总是绝对直的，导致它们弯曲的正是它们所占据的空间。

现实世界中的几何

就跟 19 世纪 30 年代的许多数学家一样，有人可能会心生疑问：考虑到我们生活在一个欧氏空间里面，上述非欧几何的这一切究竟有什么意义？那么，假如我们不是生活在欧氏空间里的呢？想一想，在非欧空间里，尺子、直线和光线看起来都是完全笔直的，而且没有人真正去核实过超级庞大的三角形跟微乎其微的三角形相比是否有相等的内角和，那么我们凭什么能如此肯定我们生活在欧氏空间呢？如果三角形的亏角很大，很快就会引起人们的注意。可要是亏角非常小呢？鲍耶的结论是这个问题没有答案。去探索真实世界是什么样子的，那是物理学家的工作，而不是数学家的工作。距当时近 100 年后，一位物理学家成功做到了。

虽然奇怪但是是真的

1919 年，阿尔伯特 · 爱因斯坦正式提出了一个理论，把引力解释成空间和时间的弯曲。为了理解这里面的意思，不妨假想我们的宇宙只有两个维度，就像一张纸一样。不过因为这张“纸”跟

原理

绝对正确

我们有可能构建一种完全不使用第五公设的几何，这意味着这种几何既不是双曲几何或者欧氏几何，也不是黎曼几何。这种几何称作绝对几何，而且事实上欧几里得的一些证明就是绝对成立的。这些证明无论在哪一种空间都成立。欧氏几何的一个结论是，如果用 180° 减去三角形中的一个角，得到的角（称为外角）一定比另外两个内角中的任何一个都要大。遗憾的是，尽管这个结论本身正确，但是欧几里得的证明是他为数不多的错误之一。

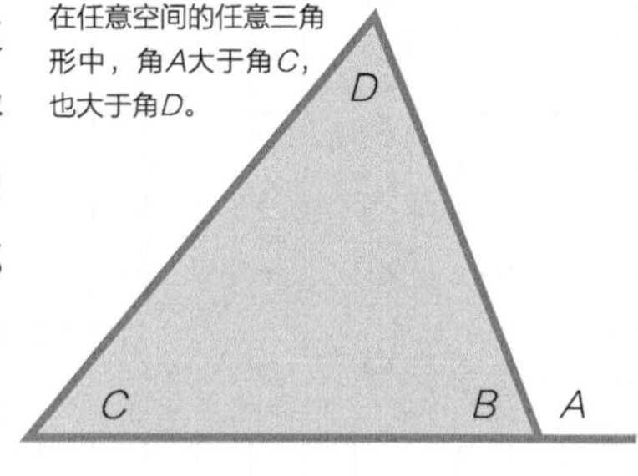

在任意空间的任意三角形中，角A大于角C，也大于角D。

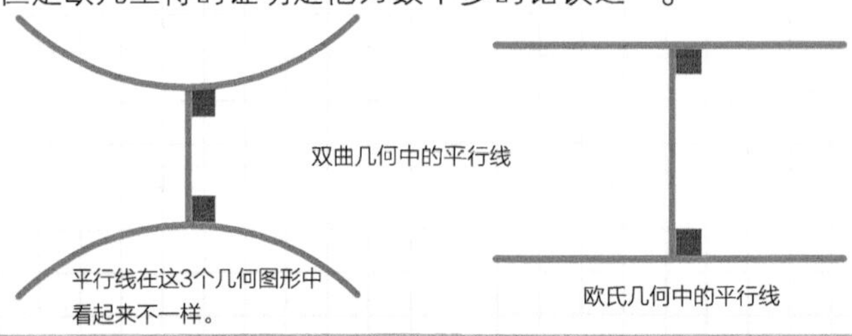
双曲几何中的平行线

欧氏几何中的平行线

平行线在这3个几何图形中看起来不一样。

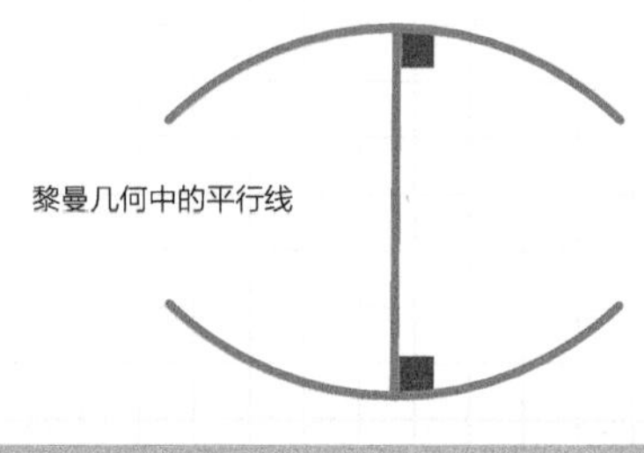
黎曼几何中的平行线

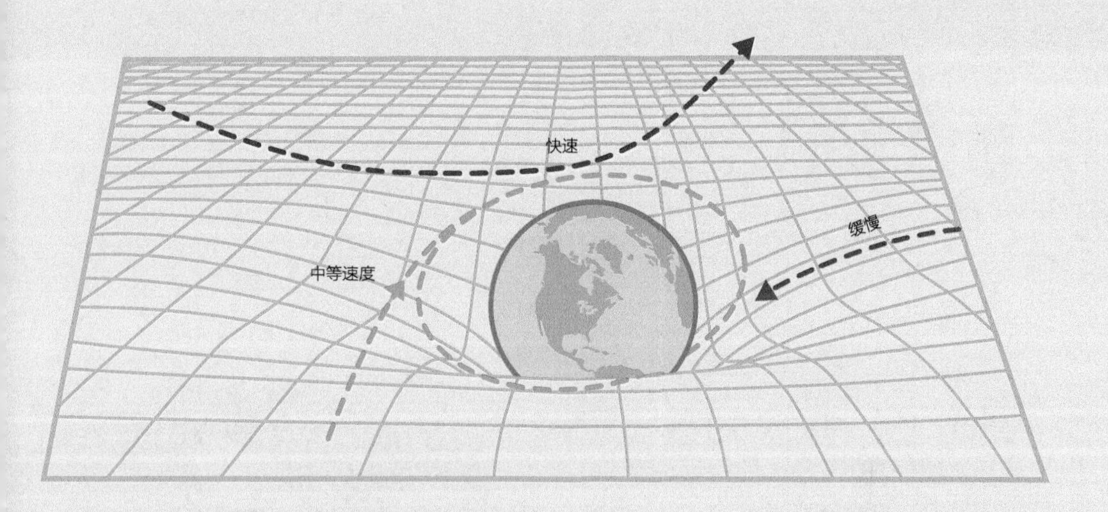

地球的质量使它周围的平坦空间发生弯曲。这种空间扭曲制造了引力效应，这种效应在运动的物体上可以观察到。

橡胶一样具有弹性，所以放置在宇宙这张“纸”上面的所有物体都会使它稍微向下凹进去一些。一个像地球那样超级巨大的物体就会导致一个深深的凹陷。想象一下，如果一艘宇宙飞船飞抵地球上空（见上图），会发生什么呢？因为宇宙飞船所处的空间是向下弯曲的，所以飞船的运动趋势是沿着这条曲线飞行。它可能会“径直”掉到地球上，或者要是宇宙飞船飞得足够快的话也许可以直接飞越地球，但是即便这样也会被“转弯”偏离原本的运动轨道。再或者，如果宇宙飞船的速度在“掉地”和“飞越”这两种速度之间的话，那么它可能会进入轨道。可以在这个类似于橡胶的空间上画一个朗伯四边形（见右图），这样人们就可以探索这个空间。在这个朗伯四边形里面，左下角的角 θ 小于 90°，说明这个空间是双曲空间。

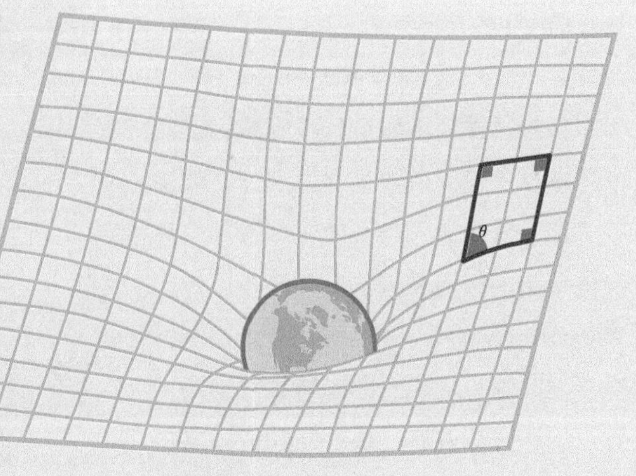

地球的质量使它周围的空间变成双曲空间。

参见：
▸ 欧几里得的革命，第44页
▸ 球形世界的平面地图，第82页

晶体

1665 年，罗伯特 · 胡克出版了有史以来最"美丽"的科学著作之一，该书被称为《显微图集》(*Micrographia*)。胡克使用自己制作的显微镜去观察物体，并在这本木刻印刷书中做了记录。这简直就是一个以前从未一睹的崭新世界，跳蚤和苍蝇这些日常小生命的真切模样让人们感到惊奇不已。

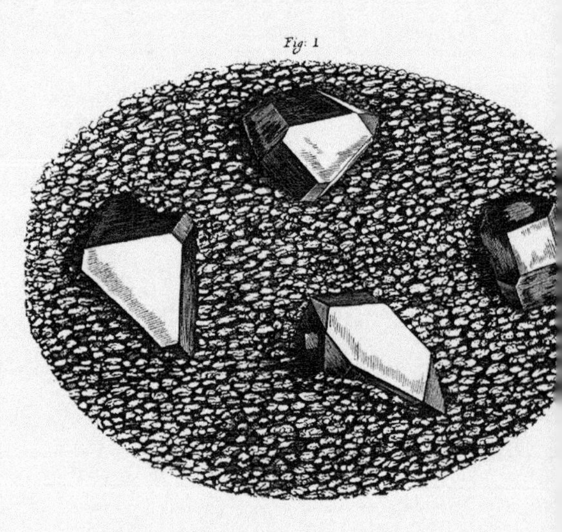

胡克对许多物质进行了观察，其他的不提，这里只说对晶体的观察。他发现晶体通过高倍显微镜放大后看起来甚至比用肉眼直接看到的更加整齐、更加具有几何规则，这件事情让胡克深深感到震撼。跟先前的哈里奥特和开普勒一样，胡克感到好奇，他很想知道，是不是正是因为跟"金字塔形状可以用炮弹堆垒成"一样，晶体是由球形"微粒"(现在可以使用原子这个词)堆垒在一起构成的，所以晶体才具有所观察到的形状。

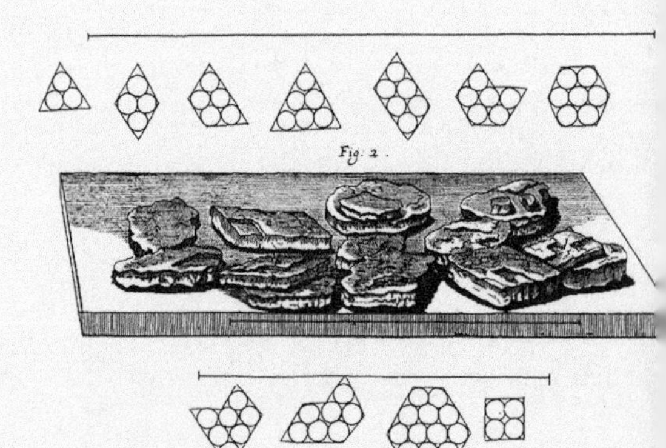

胡克的《显微图集》里面有晶体的特写图，那么在原子尺度上晶体是如何构造才产生了其密集而自相似的特点呢？作者在书中还提出了对这个问题的见解。

无心摔碎方解石，阿维走运揭真谛

方解石是一种碳酸钙矿物，通常呈透明状。在 17 世纪和 18 世纪时，方解石的奇特性质让人们痴迷。通过方解石薄片去观察物体时，被观察的物体会呈现两个像，而两个像之间的距离则取决于把晶体放在哪里。1781年，勒内－朱斯特·阿维还是位年轻的大学生，专攻自然历史。当他正在观摩、研究一块特别漂亮的方解石的时候，失手把它掉到了地上。方解石摔成许多碎片，而他发现所有碎片都有着相似的形状——都由长的菱形构成。于是阿维深深地着了迷。阿维又用其他矿物做了实验，发现许多矿物都有自己独特的晶体形态，只要用力把矿石敲碎就可以看到这些形态。他还找到了方法来构造他发现的一些晶体形状，就是用立方体来堆垒。存在许多不同的晶体形态这一事实立刻就不证自明了。那这些不同的晶体形态又该如何进行分类呢？几何学者特别喜欢形状分类这种具有挑战的问题，所以他们中许多人开始着手研究这个问题。分类晶体的基本思想跟分类瓷砖图案的思想是一致的，即根据晶体所具有的对称性将它们进行分组，如下图所示。

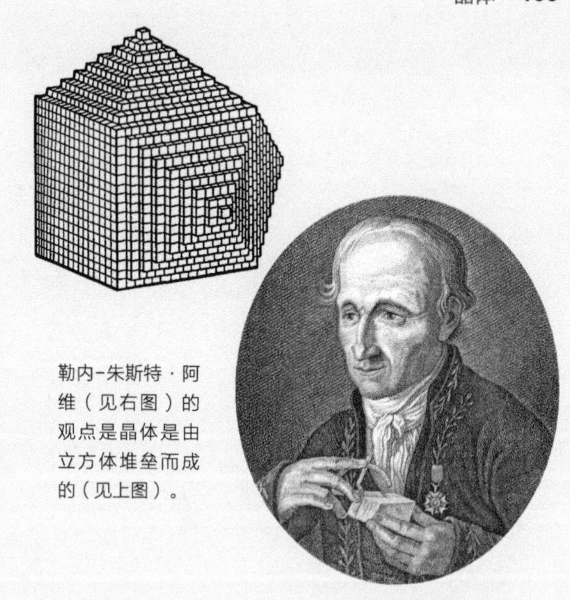

勒内–朱斯特·阿维（见右图）的观点是晶体是由立方体堆垒而成的（见上图）。

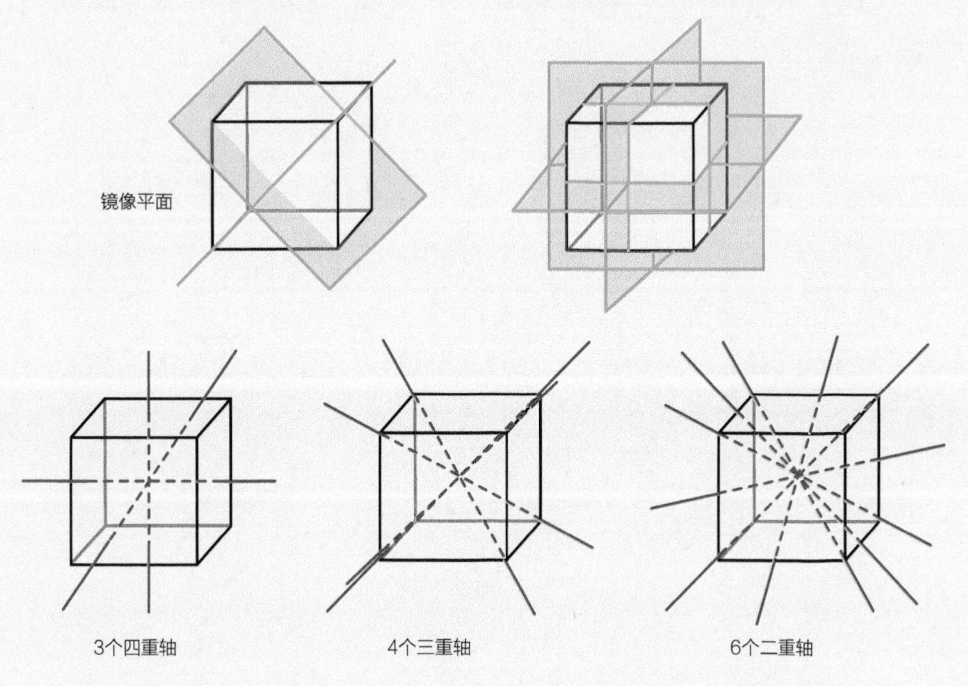

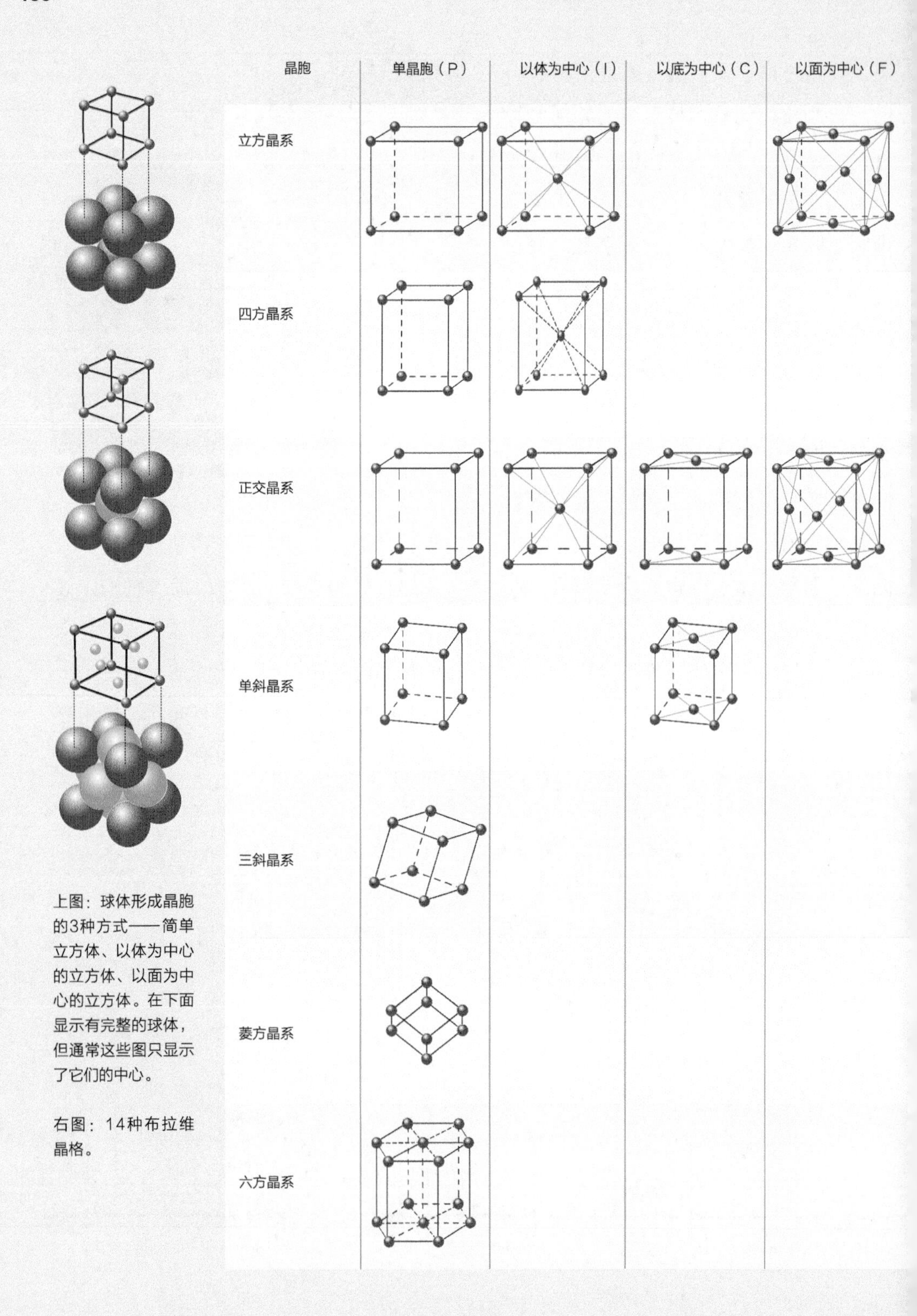

上图：球体形成晶胞的3种方式——简单立方体、以体为中心的立方体、以面为中心的立方体。在下面显示有完整的球体，但通常这些图只显示了它们的中心。

右图：14种布拉维晶格。

布拉维晶格

在这之后，很快就涌现出了许许多多解释晶体结构的观点，正因为有了如此多元的观点，所以此时已经有一个极为复杂的体系对晶体结构给出了非常完整的刻画。早期最优的体系是由奥古斯特·布拉维创造的。他是一位年轻的法国数学家，聪慧过人，早在1829年，18岁的布拉维就斩获数学竞赛一等奖，由此得以入读巴黎一所著名大学——巴黎综合理工学院（还有其他众多数学家也在此念过书）。布拉维不久就在班上名列前茅，当然这就允许他自由挑选任何喜欢的领域去钻研。结果他选择了参加海军。虽然他喜欢数学，但是他更想环游世界。在接下来的几年时间里，他绘制了非洲地图，然后去了北极探险。在遥远的北方，冬天漫长又黑暗，布拉维把时间花在了对晶体进行分类上。到1848年的时候，他已经刻画了7种“晶胞”。晶胞是展示晶体体系结构的最小单元。其中最简单、最对称的晶胞是立方体。由于有不止一种方法把球体堆垒成一个晶胞，所以这7种晶体结构中的每一种都可以进一步分解。布拉维总计发现了14种堆垒球体的方法，这些方法称为布拉维晶格。

参见：
- 圆与球，第14页
- 贴砖与平面密铺，第70页
- 填充空间，第90页

多晶型

如果两种（或两种以上）晶体是由相同的化学物质以相同的比例组成的，但是按照不同的布拉维晶格构成，那么称之为多晶型现象。因为不同的晶型可能导致极为迥异的属性，所以认识它们之间的区别很重要。1912年，探险家罗伯特·斯科特和他团队的其他成员在从南极回来的路上遇难。从一定程度上讲，原因是他们装在罐头里的取暖器燃料竟然神秘地消失了。原来，那些罐头是用铅密封的，而铅在低温下会从其坚固的金属形态转变为较弱的多晶型形态，从而导致燃料泄漏。碳有好几种多晶型，包括石墨（铅笔芯的主要成分）、煤炭和金刚石，如下图所示。

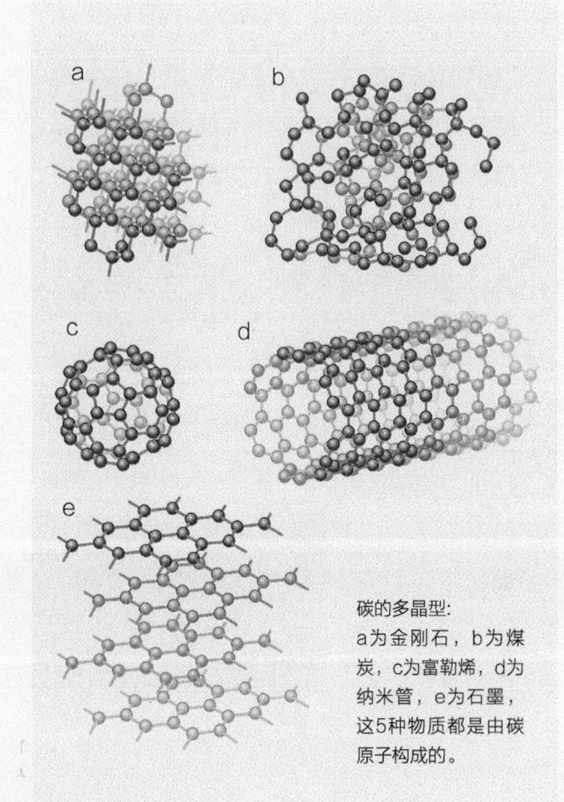

碳的多晶型：
a为金刚石，b为煤炭，c为富勒烯，d为纳米管，e为石墨，这5种物质都是由碳原子构成的。

四色问题

1852 年，就读数学专业的一位名叫弗朗西斯·格思里的年轻大学生正盯着一张英格兰地图陷入沉思。他想知道，如果用不同的颜色来给地图上不同的郡上色，使得任意相邻的郡都不会用相同的颜色，那么最少需要多少种颜色。经过一次又一次的尝试和反复出错后，最终格思里认为要满足上述要求，4 种颜色就足够了。接下来他所要做的就是证明这一论断。但是要完成四色定理的证明（或说解决四色问题），他还没有足够的几何学知识储备。

为了解决四色问题，格思里向他的老师奥古斯都·德·摩根寻求帮助。老师是一位水平很高的数学家，但是他仍然搞不定这个问题，而且他的同事们也都搞不定。到 1878 年的时候四色问题已经声名远播，以至于被刊登在科学杂志《自然》上。既然看懂这个问题是如此简单，那么要解决它也一定很容易吧？

差点就成功的证明

不过不只是格思里的几何学知识不够——其实没有人懂足够多的几何学知识。一年后，一位名叫阿尔弗雷德·肯普的数学家似乎证明了四色猜想，这件事广为人知，但是就在 11 年后，杜伦大学数学讲师珀西·希伍德在肯普的证明中发现了一个错误。

5种颜色就够了

古董一样的旧披肩，一大撮厚厚的髭须，还有那招人喜欢的狗狗（希伍德老师上课的时候，他的狗也通常会跟着他一起去课堂），希伍德因为拥有这“三宝”在当地小有名气。他证明了用 5 种颜色就肯定够给地图着色，还满足相邻的区域使用不同的颜色这一条件，从而在解决这个问题上迈出了实质性的第一步。尽管如此，没人能找得到一张真的必须用 5 种颜色才能像前面要求的那样给它着色的地图。要找到这样一张地图，就意味着要研究可能存在的所有地图的图案，这就需要去核验数以百万计的复杂图形。有谁能办得到呢？即使这些核验完成了，可是谁又能保证如此海量的计算里面一个错误都没有呢？

机器做的数学工作

1976 年，这个定理最终被数学家、计算机专家肯尼斯 · 阿佩尔和拓扑学家沃尔夫冈 · 哈肯一起给出了证明。证明需要使用一台计算机来完成所涉及的 100 亿次计算，处理时间大约为 1200 小时。这是世界上第一个由计算机证明的定理，因为没人能够检查这个证明并确认证明的正确性，所以许多数学家对此心生不悦。计算机能够取代数学家吗？暂时还不能，因为尽管现在的计算机比证明四色定理的计算机强大许多倍，但是它们很少对证明新定理做出决定性的贡献。所以数学家的地位是安全的——至少目前是。

图论

对于几何学家来说，图是类似于蜘蛛网的图案，可以用来更简洁地描述地图、迷宫和其他复杂的图形。图可以让人们只去关注那些对他们来说要紧的因素，在地图着色问题里面要紧的也就是相邻国家之间的边界。而在此问题中那些对着色没什么影响的因素，比如形状和大小，就可以忽略掉。

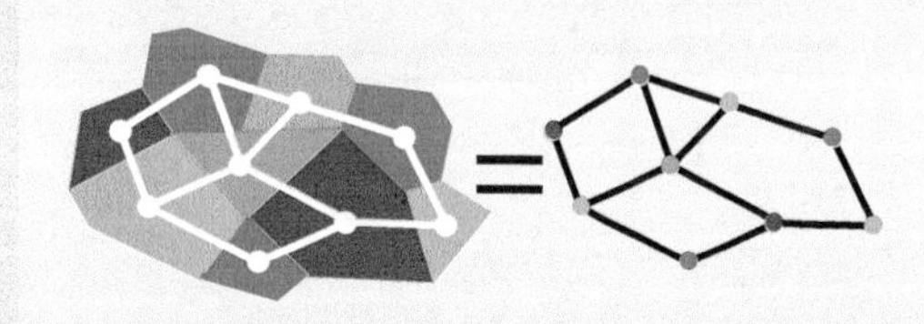

一张地图及其对应的图。

证明四色定理的计算机型号是IBM 370-168。

参见：
▶ 纽结，第144页
▶ 分形，第164页

滚轮有多圆

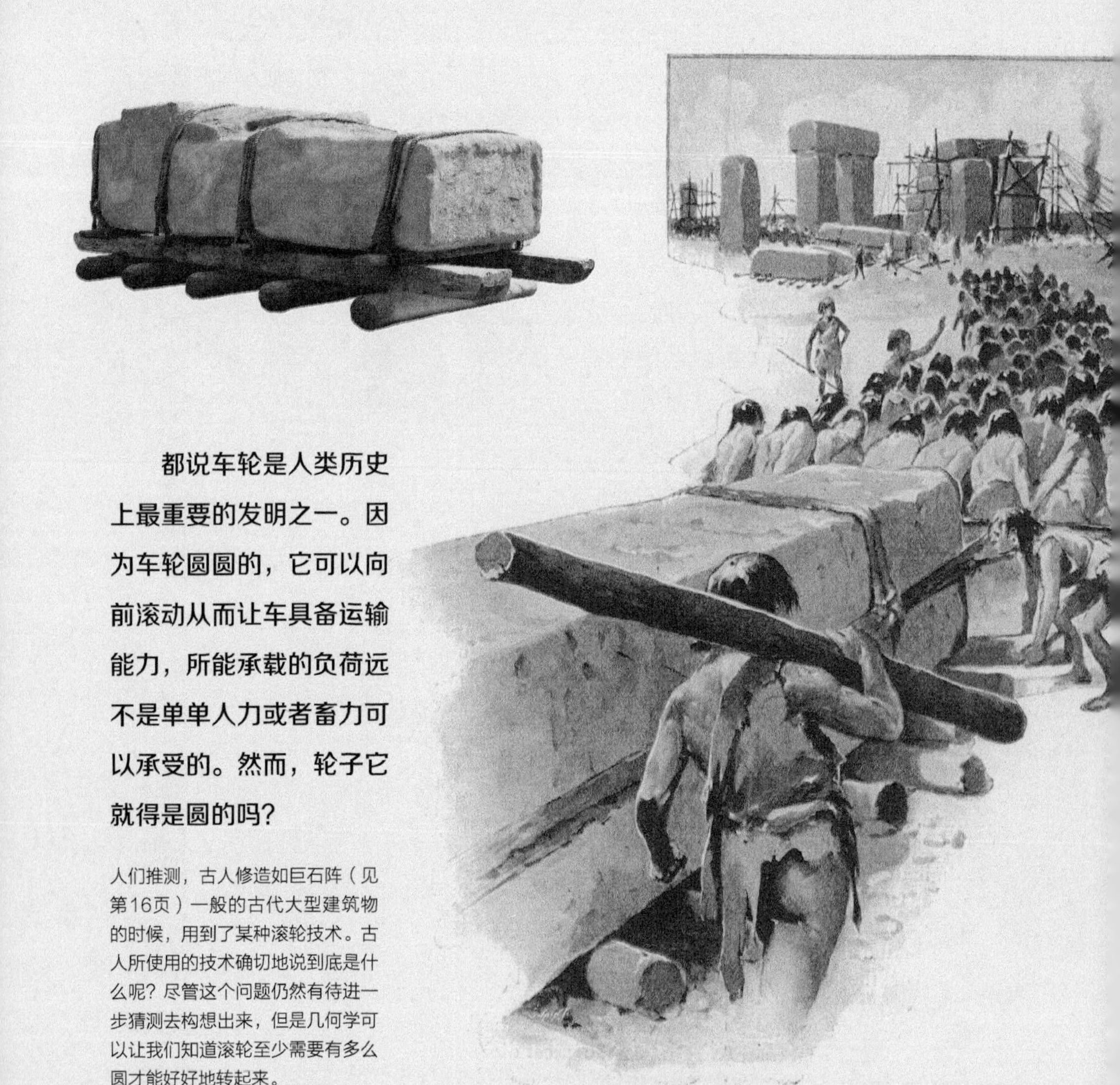

都说车轮是人类历史上最重要的发明之一。因为车轮圆圆的，它可以向前滚动从而让车具备运输能力，所能承载的负荷远不是单单人力或者畜力可以承受的。然而，轮子它就得是圆的吗？

人们推测，古人修造如巨石阵（见第16页）一般的古代大型建筑物的时候，用到了某种滚轮技术。古人所使用的技术确切地说到底是什么呢？尽管这个问题仍然有待进一步猜测去构想出来，但是几何学可以让我们知道滚轮至少需要有多么圆才能好好地转起来。

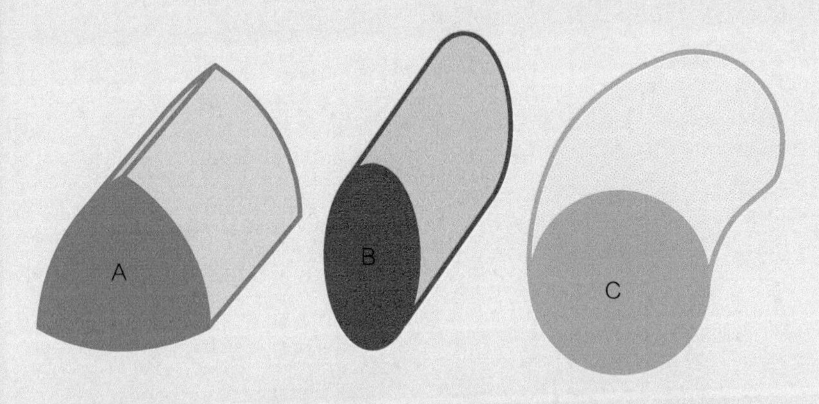

滚轮不一定总是完美的圆柱体。图中这几个滚轮中哪一个最好用？

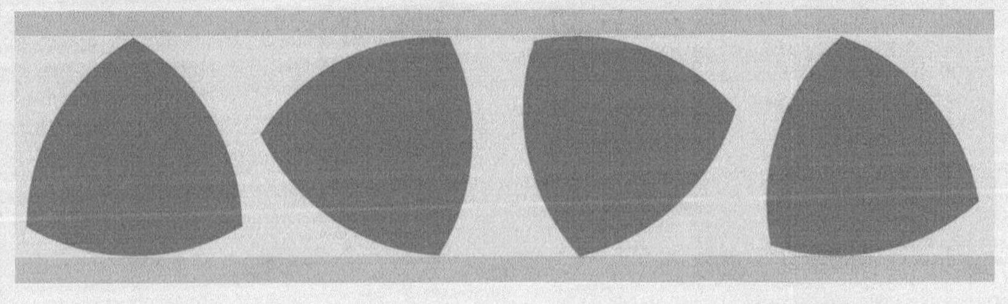

完全可以不用考虑用B和C两种滚轮，因为它们滚起来会很颠簸，但是A滚轮能够转动起来，而且不会有任何一上一下的抖动。

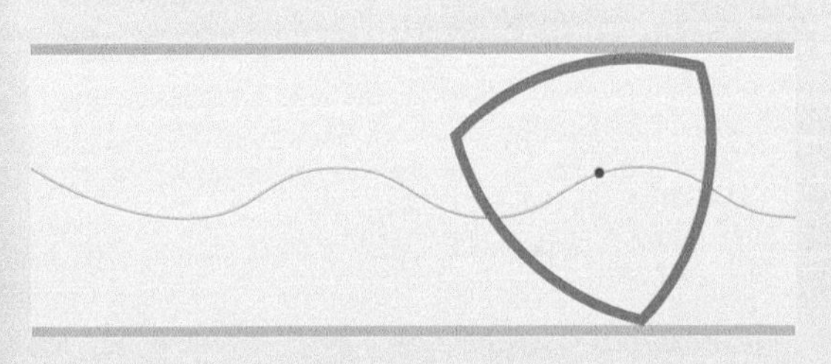

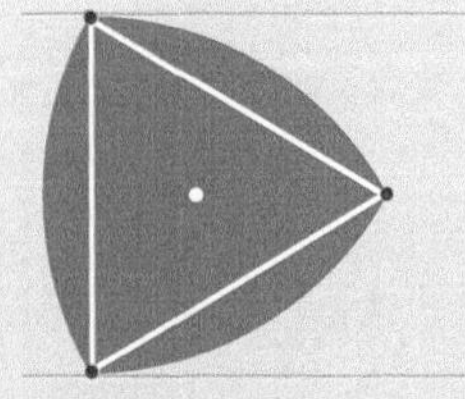

左图：滚轮的中心上下移动，然而滚轮的高度始终不变。

右图：这个滚轮可以看成一个三角形，不过要把三角形的边变成弯曲的弧线。

笔直向前、平稳行进

车轮总要绕着中心处的一根“杆”旋转，这根杆就叫作车轴。可是在车轮出现之前，就有过滚轮，滚轮不固定在任何东西上。假设只能使用一组滚轮，形状如上图所示的A、B或者C，要确保沉甸甸的厚石板在向前滚动的时候保持水平，你会选择哪一种滚轮呢？滚轮A看起来最不圆，所以可能不该选它。但是，滚轮B的横截面是椭圆形的，所以滚起来会一上一下；而滚轮C的横截面可能是圆形，但是它的轴是弯曲的，所以这个滚轮根本就滚不起来。或许应该再仔细审视一下滚轮A。出人意料的是，如果地面是平整的，那么使用一组滚轮A“行驶”将会完美地保持水平。可是车轮（例如汽车和自行车的轮胎）却并不使用这种形状，唯一的原因就在于，这种形状滚动的时候它的中心确实会移位，所以车轴会随着车辆的移动而上下抖动，行驶起来非常颠簸。

右图是弗朗茨·勒洛的肖像。上图中的勒洛三角形（黄色区域）就是以他的名字命名的，这个三角形可以通过有重叠的圆圈来构造。

勒洛三角形

有很多类似的形状，它们在工程中用途广泛。事实上，上面这个特殊的形状是以德国工程师弗朗茨·勒洛的名字命名的，借助这个形状他在19世纪70年代完成了很多不同的设计。勒洛三角形可以这样定义：有3个大小相等的圆，当它们两两之间的圆心距离为半径长度的时候，它们所形成的重叠区域的边缘围成的图形。勒洛三角形的秘密就在于无论如何测量它都有相同的宽度，也正因为如此，它被称为“定宽曲线”。

几何学施展拳脚

接受硬币支付的机器通过测量硬币的宽度（以及称硬币的质量）来计算出投入了哪些硬币。所以，任何不是圆形的硬币的外边缘都必须是定宽曲线。勒

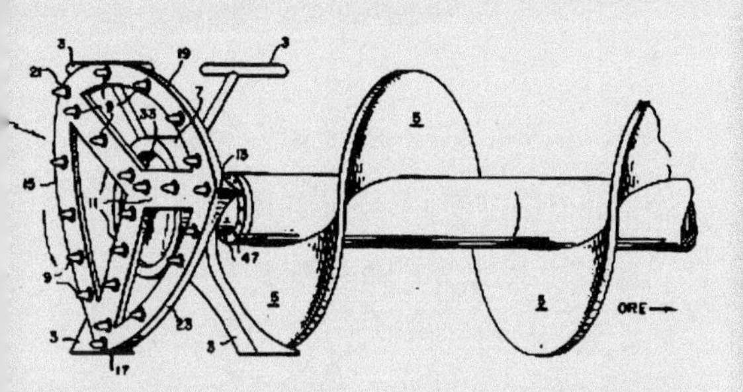

勒洛三角形的钻头能钻出方孔。

洛三角形可以在一个正方形的孔中顺畅地旋转，而且旋转时它的中心点将呈环状运动。这就意味着，用形状为勒洛三角形的钻头去钻孔，只要钻头的其余部分旋转时让钻头的中心沿一个小圆运动，就可以钻出方孔来。

还有其他一些形状，具有类似于勒洛三角形的属性。勒洛三角形可以刚刚好放在一个圆内旋转，而下面的形状，称为德尔塔双角，可以刚好在一个等边三角形内旋转。

双角

双角这种形状在欧氏几何中是不存在的，但它是球面几何中最简单的形状之一。球面几何是关于球面上的形状的几何学。双角在两端处的角大小相等，它的两条边的长度也相等。如果一个双角的角度是用弧度来度量的，那么这个双角的面积就等于它的角度的两倍（因为一个圆周的弧度是 2π，所以 $360° = 2\pi \times 1$ 弧度，那么 1 弧度 $=360° / (2\pi) \approx 57.3°$。更多内容见第 23 页）。

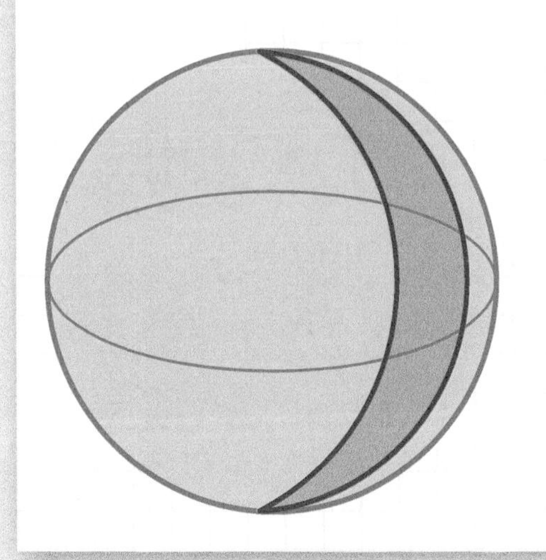

参见：
- 阿基米德的应用几何，第52页
- 球形世界的平面地图，第82页

纽结

在相当久远的史前时代，人们就已经开始使用绳结，既为了生活实用，也为了装饰美观。已发现的最久远的绳子残片距今大约有 2.8 万年的历史。然而，直到 19 世纪 70 年代数学家才开始从几何学的角度研究绳结。即便在那个时候，做这些研究也仅仅是因为绳结似乎对探索当时最新的原子理论非常有用。

英国数学物理学家、工程师威廉·汤姆森，也是第一代开尔文男爵。人们认为一种被称为以太的物质（见第 34 页）充满整个空间，而汤姆森进一步提出“原子实际上是以太旋涡的纽结”的观点，基于这一新观点他创立了新的物质理论。为了掌握纽结的数学知识，汤姆森向他的同事兼朋友——数学家彼得·格思里·泰特——寻求帮助，但是泰特很快意识到，这个问题此前几乎没有人研究过。1878 年，泰特在他的一次讲座中展示了烟圈的结状动态，而汤姆森参加了泰特的讲座，正是这些内容激发了汤姆森的灵感，想出原子可能是以太旋涡的纽结。

人们创造了许多种绳结，去满足各种各样的用途，下面就列出其中一些。

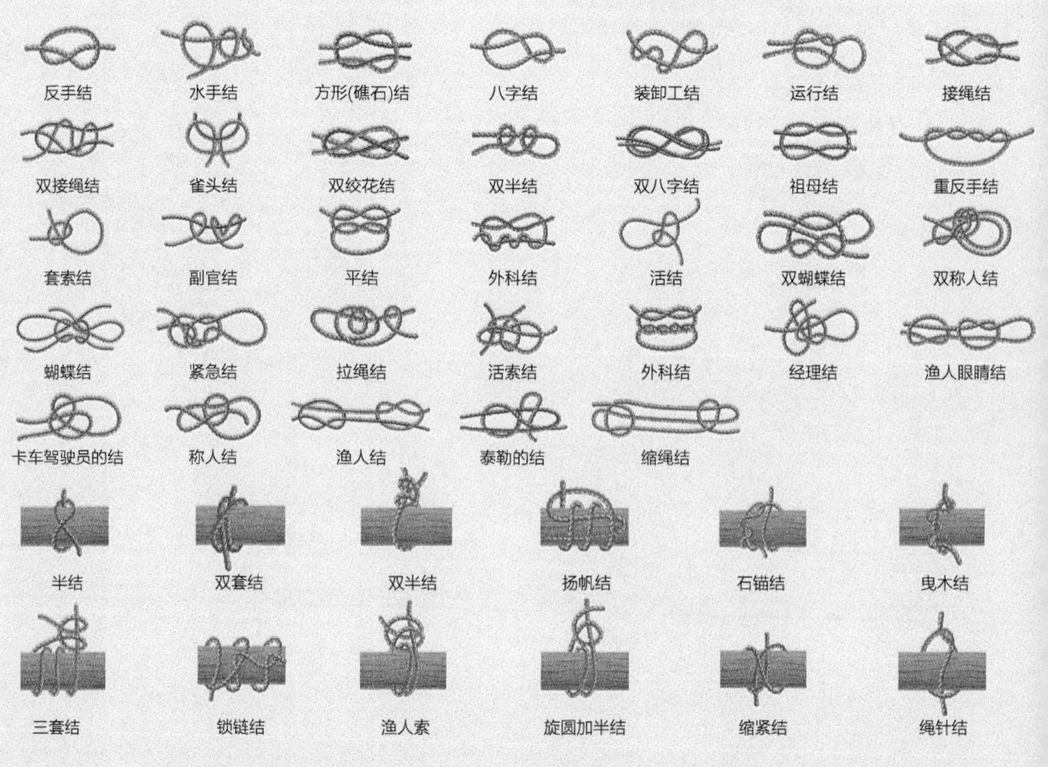

纽结与平凡结

泰特肩负着开创一个全新的数学分支领域的重任，一开始他不得不先列出所有已知的纽结。跟此前研究纽结的数学家一样，泰特也认为把纽结看成闭环最简单，而他的列表中包括一个未打结的环，叫作“平凡结”。然后他从最简单的三叶草结开始，把所有其他纽结都列出来。最明显的对纽结进行分类的方法就是数一数绳索跨过自身形成交叉的次数，例如三叶草结的交叉数就是 3。泰特很快碰到一个有 5 个交叉的纽结，这时候数交叉的方法的第一个困难就立刻显现出来。有两种不同的纽结都有 5 个交叉，而且随着交叉数的增加，具有相同交叉数的互不相同的纽结的个数增加得很是迅猛。由此看来，简单地数一数交叉的个数并不能确保不会漏掉一些纽结。迄今为止，几何学家已经对所有交叉数小于或等于 16 的纽结进行了完全分类。这个结果听起来好像没那么惊艳，可是这已经囊括了整整 1702936 种纽结啊！尽管如此，通过对纽结的交叉点进行计数将纽结分类遇到了一个巨大障碍，那就是有很多方法可以调整或改变纽结从而暂时增加交叉数。

上图：一个三叶草结，是以一种植物的名字来命名的。

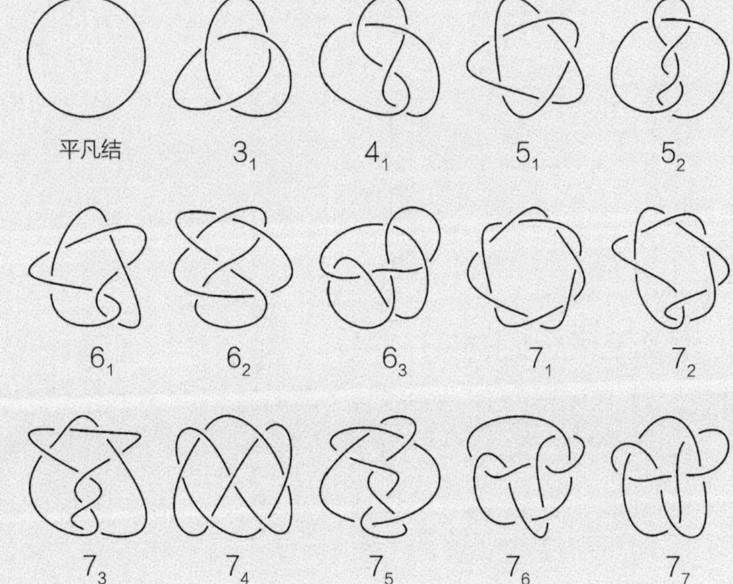

右图：泰特的纽结表的前15个成员，包括平凡结。图中数字（非下标）显示绳索与自身交叉的次数；当不止一个纽结具有相同的交叉数的时候，下标表示具体是哪一个纽结。

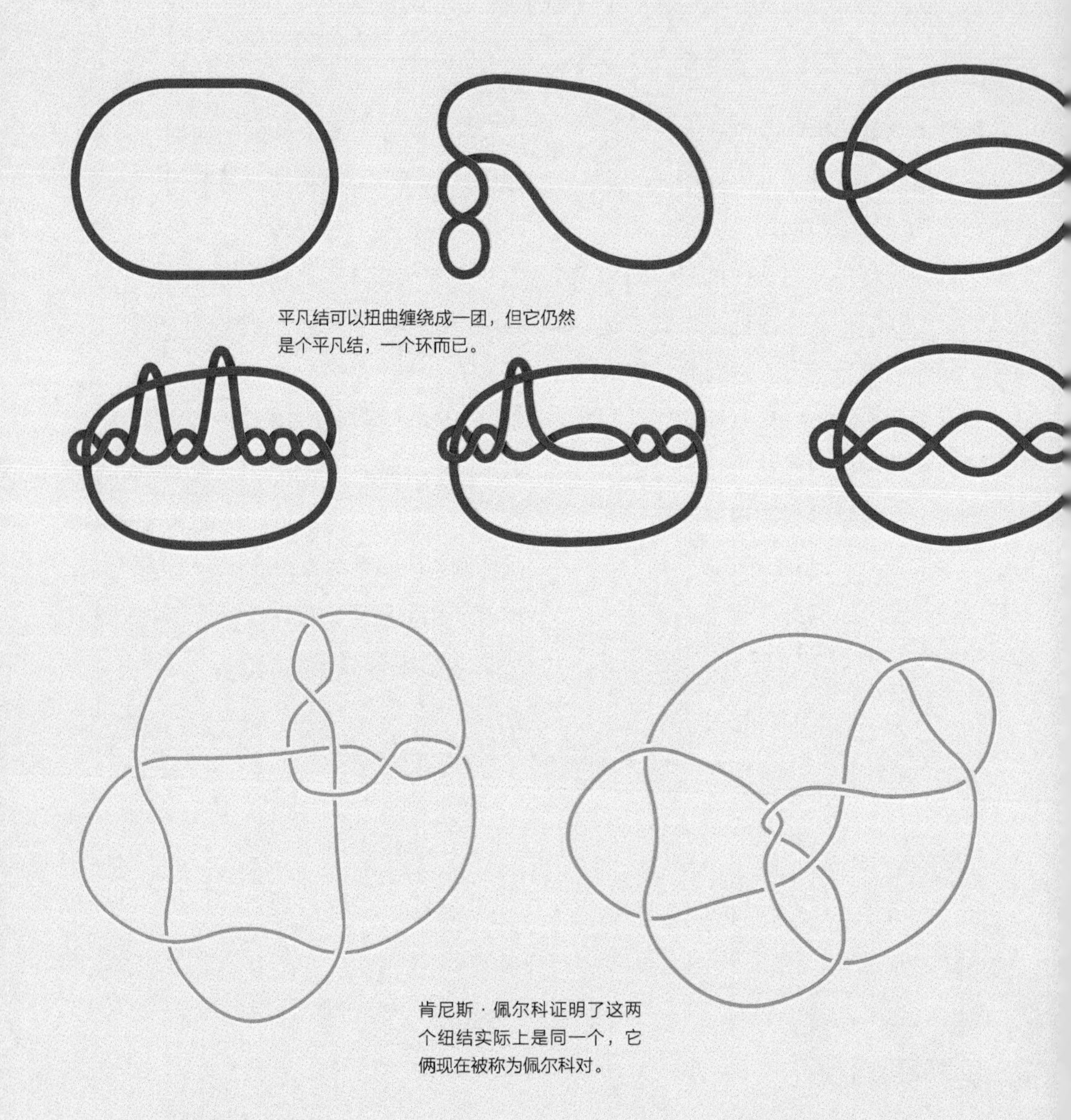

平凡结可以扭曲缠绕成一团，但它仍然是个平凡结，一个环而已。

肯尼斯·佩尔科证明了这两个纽结实际上是同一个，它俩现在被称为佩尔科对。

什么是保持不变的

1885 年，美国数学家兼工程师查尔斯·利特尔列出了一些纽结，他认为所有交叉个数不超过 10 的绳结就是纽结，总计 166 个。将近一个世纪后，已是 1974 年，纽约的一位律师肯尼斯·佩尔科作为业余数学家竟发现有两个由利特尔列出的纽结实际上是同一个。尽管这两个纽结在利特尔的列表中挨得很近，可是以前却没有人能看出这一点。事实上，佩尔科也不是用肉眼看出来的：分析纽结的时候肉眼派不上多少用场，甚至，最杰出的纽结数学家之一路易·安托万还是个盲人。安托万设计出一种无限结，现今称之为“安托万项链”（见下图和第 148 页方框）。当时佩尔科只是在核实利特尔的纽结分析方法到底是不是行得通，而他碰巧发现了那个被重复计入的纽结。利特尔的方法将相同的绳结分类为两种不同的纽结，这一事实表明他的分类方法行不通！

不变量的搜索

利特尔曾试图去寻找一个不变量，只是他没能成功。纽结不变量可以是一个数字、一个方程或一种度量，它可以适用于任何一个纽结的任何具象。一个纽结不管多么扭曲，它的不变量一定保持不变；一对不同的纽结不管看上去有多么相似，它们的不变量一定不相等。有一段时间，似乎纽结分类的问题终于在 1970 年被沃尔夫冈 · 哈肯解决。哈

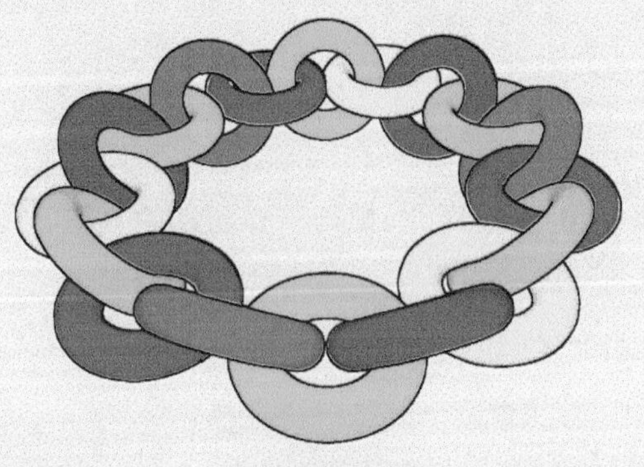

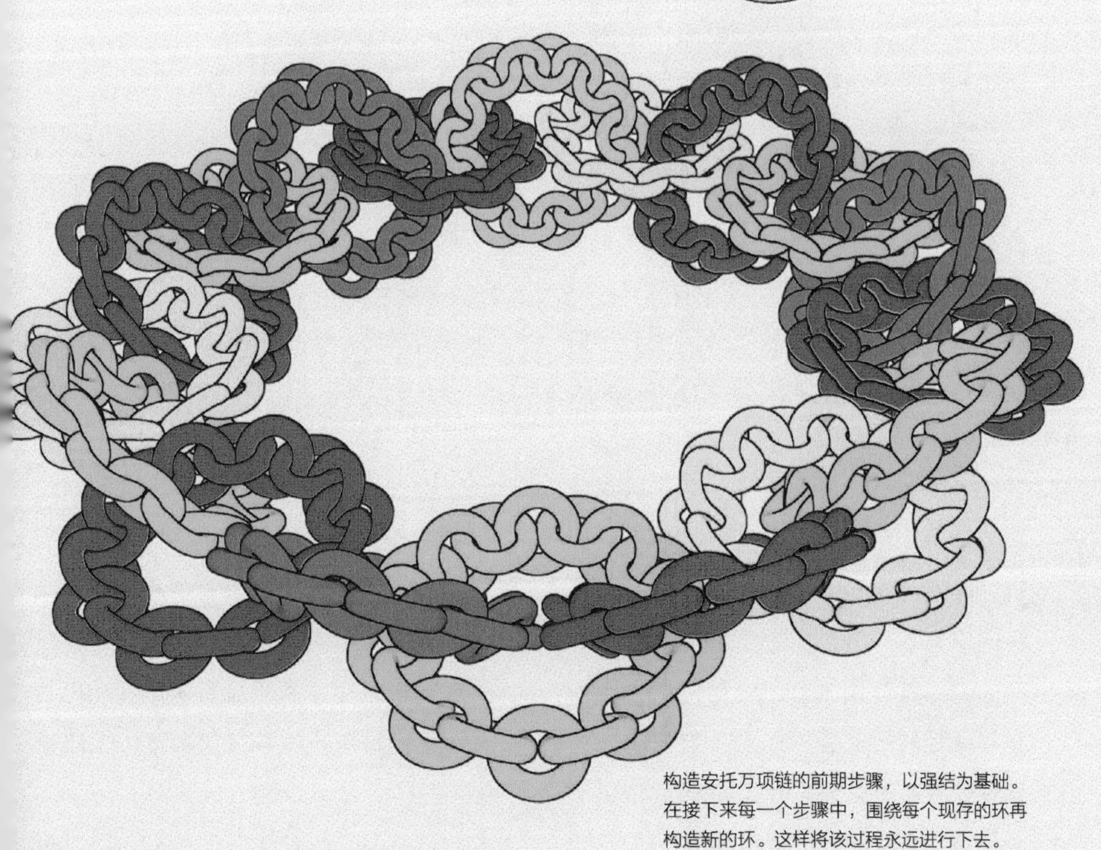

构造安托万项链的前期步骤，以强结为基础。在接下来每一个步骤中，围绕每个现存的环再构造新的环。这样将该过程永远进行下去。

强结

判定纽结的任何一套数学理论的一个规则就是确保它不会导致强结，强结里面有无限多个环。

右图是最简单的强结。

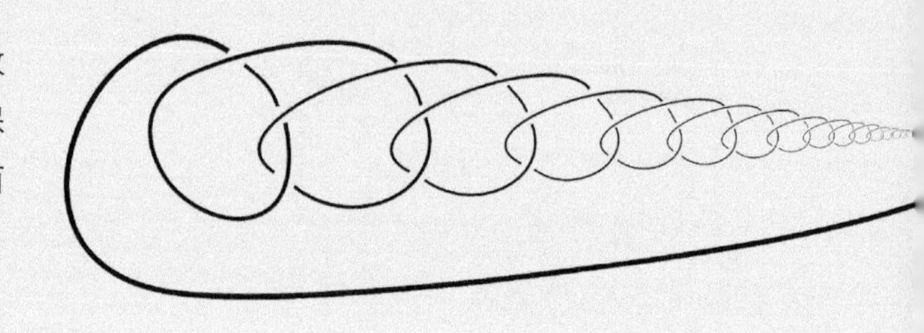

肯给出了一种新的视角来看待纽结分析问题（面对一个经久流传的问题，另辟蹊径总是一个不错的思路）。要粗略地了解哈肯的方法，可以把一些松散打结的绳环浸入肥皂液中。从肥皂液中捞出来后每一个绳环上面都将有一层肥皂膜，哈肯发现数学上有点类似肥皂膜这样的曲面应该可以作为一种工具完美而唯一地刻画纽结。哈肯是一个编程天才，有一段时间他一直在编写一个计算机程序，想用来运行他的纽结判定方法，后来他中途停下来转而致力于研究四色问题（见第 138 页），所以直到 2003 年程序才最终编写完成。在此之前那么长时间里竟然没有纽结学者让哈肯的程序运行起来，这看起来有点不可思议。但是几乎在哈肯开始开发这个程序的时候，一个新的障碍就浮出水面。运行他的纽结判定程序耗时太久了，以至于世界上没有哪台计算机能在较短的时间内完成。尽管自 1970 年以来计算机的性能在不断提高，但是即便是在现在，计算机在面对哈肯的程序时也爱莫能助。因此，科学家仍在寻找简单可验证的理论证明和有用的工具来分析纽结。

实实在在的纽结

虽然数学家研究的纽结似乎跟日常生活没多大关系，但是纽结理论回答了日常生活中很常见的一个问题：一团绳索搁一块儿是真的更容易缠在一起打结，还是只是因为运气不好才打结的呢？ 1988 年，数学家德威特 · 李 · 萨姆纳斯和化学家斯图尔特 · 惠廷顿回答了这个问题。聚合物是一种长长的像绳子一样的分子，两位学者对聚合物内纽结形成的方式饶有兴趣。他俩怎么研究的呢？——把这个问题翻译成一个数学练习题来做：假设玩家在一栋多层建筑里玩真人版的蛇梯游戏。玩家每走一步前先掷骰子。如果掷出 1、2、3 或 4，那么玩家必须分别向北、东、南、西 4 个方向移动；如果掷出5来，那么玩家从最近的梯子爬到紧邻的上一层；而要是掷出6则玩家要向下滑到最近的蛇那里。玩家可以一边走一边解开绳子来标记自己的路线，唯一的规则就是不能两次通过同一个地点。要是玩家已经到访过大楼的每一处角落，或者玩家被困在中央，四周都是已经访问过的空间，那这个时候游戏结束。萨姆纳斯和惠廷顿发现，不管是哪种情况，当游戏结束时，在绳子上至少打了一个结的可能性比没有打结的可能性高很多。因此，一团绳子搁一块儿就会打结或许是不可避免的。

参见：
▶ 透视法，第76页
▶ 拓扑学，第120页

化学中的纽结

原子可能是以太旋涡的纽结这种观点并没有持续太长时间。之后几十年里，只有为数不多的几位数学家对纽结几何学感兴趣。不过最近几年，纽结理论再次引起了科学家们的极大兴趣。人类身体中几乎每个细胞里都有一种叫作DNA（脱氧核糖核酸）的分子链，它们包含了生命活动所需的全部指令。虽然细胞小到无法用肉眼看见，它里面的DNA链却长约1.5米。DNA链要放入细胞，就必须紧紧地被包裹起来，所以它到处打满了结。要使用DNA来制造新细胞的时候，必须将DNA链切割成片段，把打的结解开，最后重新拼接在一起。这一任务由被称为酶的复杂的化学物质来完成。DNA受损可能引发许多疾病，认识酶的工作原理应该能够帮助医生治疗一些这方面的疾病。但是，没人能够观测到酶在DNA上解结和打结的过程，人们所能做的就是研究DNA在酶作用前和作用后的结的形状。不过，要是几何学能够用纽结的类型来解释DNA在酶作用之前和作用之后的状态，那么应该有可能搞清楚酶在“干预期”所起到的作用。

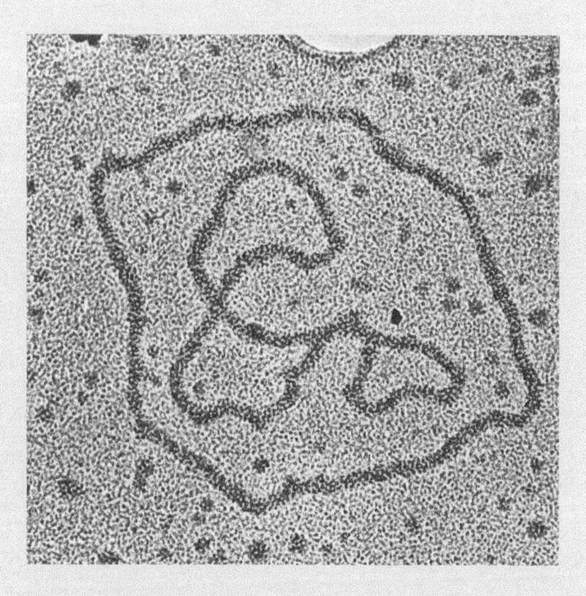

DNA的一张电子显微镜照片。不管最初的模样是什么，这些长长的分子链具有高度卷曲的结构。

庞加莱猜想

亨利 · 庞加莱留给人们关于形状和空间的一个重大问题。

大多数数学家之所以能取得新突破，源于他们对数学的热爱，因为发现新定理通常带不来多少经济回报。但是在2000 年的时候，一个叫作克雷数学研究所的机构决定做出改变，他们选择了数学上最重要的 7 个未解之谜，只要有人能解答 7 个谜题中的任何一个，就能获得克雷数学研究所提供的 100 万美元奖金。到目前为止，这 7 个“千禧年问题”中只有一个被成功解答，解答者是一位俄罗斯数学家，他叫格里戈里 · 佩雷尔曼。但是他拒绝了这笔巨额财富……

这个被解出的“千禧年问题”被称为庞加莱猜想，是以提出该问题的数学家亨利 · 庞加莱的名字来命名的。庞加莱是他所生活的那个时代里最伟大的数学家之一。有一次学校测试，要求他画出两条不同类型的曲线，并描述当从正确的角度去观察时，这对曲线可能重叠的情况是怎样的。庞加莱把这个问题扩展为更具有普适性的问题并且给解决了，他可是用数学知识解答而不是通过反复试错解决的。然而，他在画图时将答案上下颠倒了，所以虽然他的答案是完美的，但批阅试卷的老师最终认定他是错的。成年后，庞加莱还是常常沉迷于数学问题，对别的事心不在焉。他经常出国旅行，有一次打包，本来该带上衬衣，结果他却把衬衣丢下而装入了床单。

空间的类型

庞加莱猜想考察不同类型空间的拓扑结构。因为拓扑学包含许多陌生术语，还有一些看似熟悉，使用的意思却跟平常不同的词汇（参见下页方框），所以拓扑学作为一门学科可能令人感到晦涩、难以理解。通俗地说，庞加莱猜想的意思是，每一个没有孔的三维曲面都可以被扭曲变形成一个三维球面。验证一个圆（它是一维的线条）有没有断裂或者有没有孔，是一件很容易的事情。把圆在二维空间中展开，

曲面

在日常生活中曲面是二维对象，例如房间内平整的墙面和地板表面，或是球体凸起的表面。但是，在拓扑学中常常把曲线称作一维曲面，而人们通常称呼的体积、空间或内部区域，则被称为三维曲面。这是因为所有这些不同的事物（以及对应于它们的更高维度的对象）都具有相似的特征。其中一个特征是，一个曲面可以是开放的，也可以是封闭的。一个圆，或者一个橘子的皮，或者一个足球的内部区域，都是不同维度上闭合曲面的实例。在坐标系中，x 轴和 y 轴无限延伸，故而都是开放的一维曲面。两轴之间的空间，或者一个无限的平面，则是开放的二维曲面。刻画曲面的另一个特征是它的曲率。椭圆是弯曲的一维曲面，尽管蛋壳围成了一个三维形状，但它仍然是凸起的二维曲面。

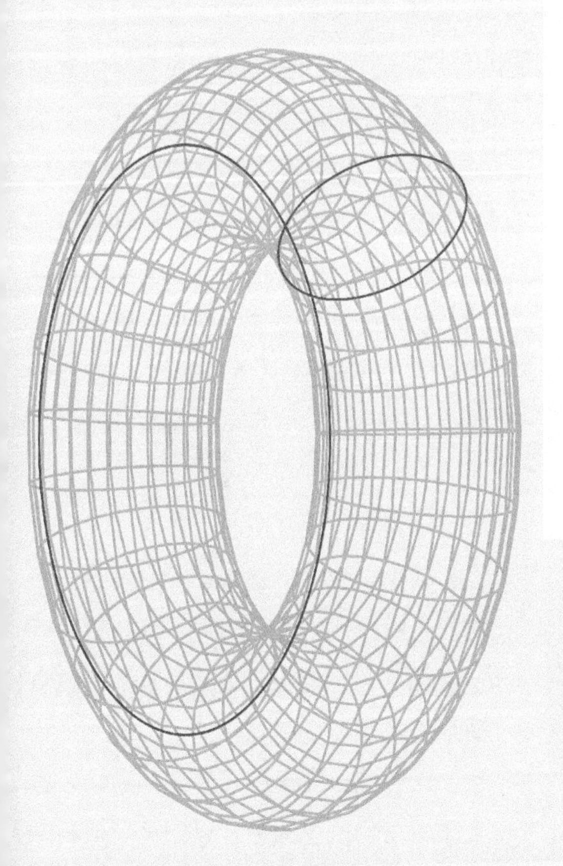

庞加莱猜想提出的问题是如何计算一个几何图形所拥有孔的个数。对于一维、二维或三维图形，例如甜甜圈或球面，结果很容易检查。但要是在高维空间中会怎么样呢？

庞加莱尝试解答他的问题，他的思路是想象有绳子绕着物体围成环状。如果这个绳环能闭合到曲面上的某个点，那么该物体上就没有孔洞。这看起来也很容易。那现在到四维空间或者更高维度的空间中再试一次看看！

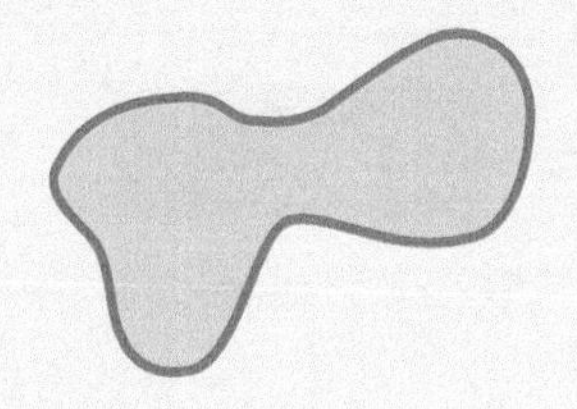
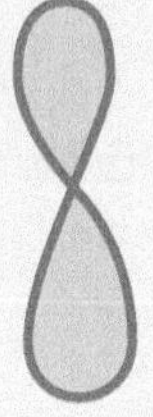

你看到了几种形状？庞加莱和其他拓扑学家看到的却只有一种——圆。

比如在一张纸上摊开，就可以一眼看出它有没有断掉。很容易发现一个球面（它是二维对象）是没有孔的。和人类一样，球面也存在于三维空间中，所以只需要从各个角度来观察它就能判断。如果要观察一个甜甜圈的表面，只要我们从各个角度去观察，就很容易看出它有一个孔。尽管如此，可要是上升到另一个空间维度呢？当我们面对的是一个三维曲面，如果能以某种方式在四维空间中从不同角度来观察它，那么它是不是有孔就很明显了。但是没人能用这样的方式去观察。

四维空间的视角

为了解决这个问题，1904 年庞加莱提出了一种叫作同调的方法来判断是否有孔。为了了解它是如何工作的，先想象一个二维表面，就像一个球的表面。然后取一根绳子，把它绑在球的表面，随便用什么方式都可以让绳子环绕着球面。这样总是可以把这个环拉紧变小成一个点，或者拉紧打成一个结，总之最后这个绳环什么都不绑。但是，如果是在甜甜圈上，就可以穿过它的孔洞来系这个绳环，这样在不切开甜甜圈的情况下不管怎么收紧绳环它都不会被拉紧成一个点或打成一个结。庞加莱猜测这种判断是否有孔的方法在任何三维曲面上都有效，但那时候他还无法证明这一结论。

空间陷阱

其中一个挑战就是，哪怕是针对扭曲的形状，我们要找的判别方法也应该行得通才对。例如，上图中显示的所有图形都是展示成不同的样子的同一个线条，这一点倒是很容易想到。随便选择上图中任何一个图形，想象有一根环状

沙漏和钟的形状是一样的——都是一种球面——从庞加莱的同调方法可以得知这一点。

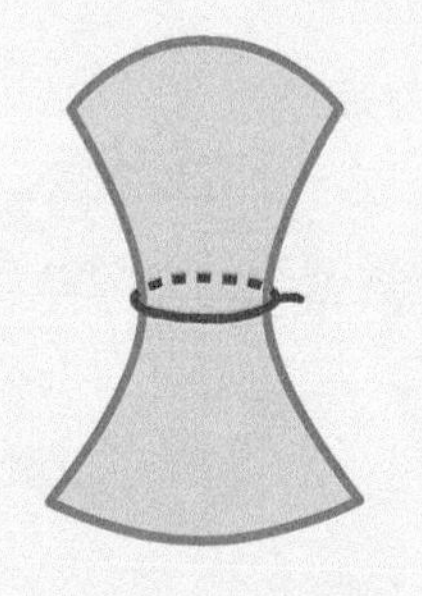

的绳子，根本不用割断绳子，通过把绳环扭一扭就可以使它看起来跟所选的图形一样。以同样的方法处理，立方体、金字塔和椭球体都是球体的一种形态：它们都可以用一块球状的黏土来捏制。可以用前面提到的绳环来证明：无论这几块黏土的形状是怎样的，哪怕刚开始黏土可能需要先稍微重塑一下，但是绳环总是可以收缩变小到一个“点”。比如，处理一个沙漏形状（见上页靠下的图），开始的时候，把绳环套在窄窄的沙漏颈上，即使沙漏没有孔，绳环也会被困住而拉不动。这是一个空间陷阱，可以通过重塑形体继续拉紧绳环，从而摆脱这个陷阱。

视线外的曲面

因此，现在我们明白了，对于像球面或沙漏表面这样的二维形状，可以使用庞加莱提出的收缩绳环的判断方法来判断是否有孔，不过有可能需要先重塑曲面形状。然而，四维形体的三维表面并不直观，怎么才能用庞加莱的收缩绳环的判别方法呢？假若绳环不能收缩，那怎么知道这是因为它遇到了一个空间

理查德·汉密尔顿

陷阱，还是因为它的表面有一个孔呢？而且，即使知道遇到的麻烦是一个空间陷阱，那在无法直观刻画形体的情况下，该如何重新塑造四维形体使得绳环可以继续收缩？

平滑处理

美国拓扑学家理查德·汉密尔顿创立了一套方法，不需要把四维形体刻画成可见的对象就能自动重塑它们（从而适用于庞加莱提出的绳环判别法），于是汉密尔顿解决了高维空间的庞加莱猜想。汉密尔顿把曲率当作热量来处理！热量有一种不同寻常的性质，它会自己均匀散开。比如把鸡蛋煮老一些，之后把它放进冷水，刚开始的时候大部分热

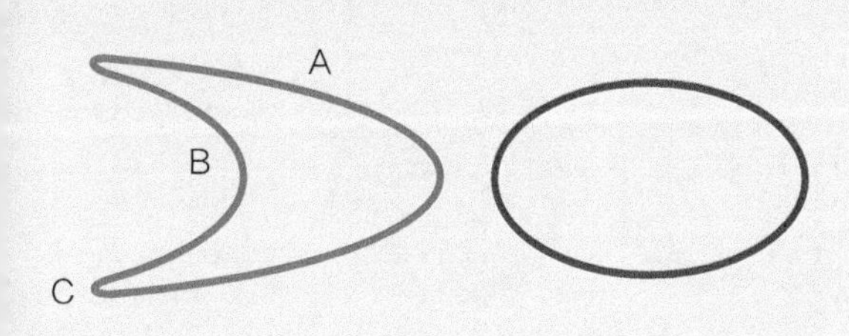

在拓扑学家看来这3个形状是一样的，但是它们的曲率分布并不均匀。这一点正是空间陷阱问题的根源。

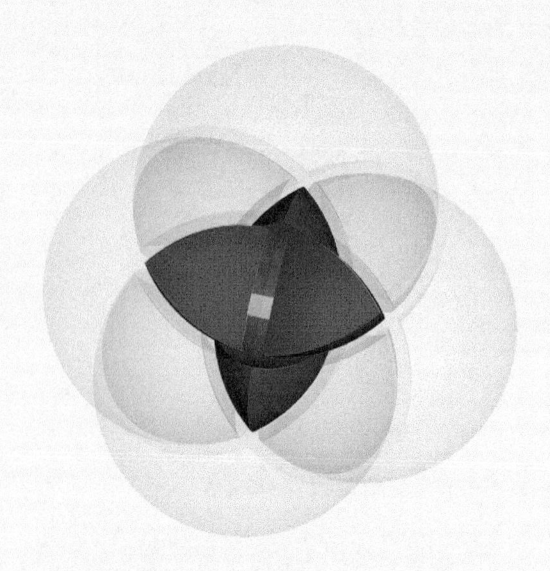

红色空间由4个相交的球体的公共部分的空间构成。这种方法把四维立方体（或称为超立方体）的三维表面直观可视化地表现出来。

量都在鸡蛋里，但是过了一段时间，热量就分散均匀了，所以最后的状态不是滚烫的鸡蛋和冰冷的水，而是温热的鸡蛋和温热的水。这跟形状有什么关系呢？我们从前页最下面的3个形状入手。可以看到，第一个形状在A处几乎是平坦的，在B处有一些弯曲，在C处非常弯曲，所以它的弯曲程度分布得非常不均匀。中间的橄榄球形状的弯曲程度更均匀一些，不过它两端的曲率仍然比中间的大。只有在最后这个形状里，曲率是均匀分布的。如果汉密尔顿能找到让曲率表现得像热量的方法，那他就可以让形体自己变平滑，就像热量自动传递变均匀一样。在20世纪80年代，汉密尔顿只是找到了恰当的数学工具让曲面自动变平滑，这个处理工具有一个古怪的名字“里奇流”（见下页）。意大利数学家格雷戈里奥·里奇–库尔巴斯特罗在19世纪80年代对曲面空间几何做出了重要贡献，汉密尔顿就以他的名字来给这种方法命名。汉密尔顿使用他的里奇流技术来解决庞加莱问题感觉很顺手，然后他遇到了一种新的陷阱——不可避免的陷阱。

无限的挑战

这个陷阱涉及某些曲线无限延伸且变得不平滑的方式。比如考察$y=1/x$，从$x=5$开始，先把x每次递减1，然后把这些点连线，就会得到一条曲线（见第156页左图），直到$x=0$以前看上去都是一条平滑和简单的曲线。因为$1\div0$是无穷大，所以试着在图上把它画

对于拓扑学家来说，因为他们看不到咖啡杯和甜甜圈之间有什么不一样，所以他们眼中的早餐令人不知所措。

原理

里奇流

汉密尔顿所用到的方法叫作里奇流，具有高度的复杂性。一种更简单的方法叫作曲线缩短（或约减）流。如果想要一个形状变平滑，使用这种方法的处理过程为先从测量该形状的曲率开始。测量的具体操作是选择不同大小的圆与形状中的曲线贴紧，以达到尽可能严丝合缝的契合度。曲线拐得越“急”，拟合需要的圆就越小。

接下来，计算圆与所考察形状接触的每一个点的速度。大的圆那里算出的速度慢些，而小的圆那里算出的速度快些。下图中蓝色箭头标示速度——速度越快则对应的箭头越长，而且每个箭头指向（也许会穿过）对应圆的圆心。最后，所考察的形状的每个部分都按照箭头所指的方向“流动”，这样就“抚平”了，曲率很快会变得均匀起来。

使用曲线缩短的方法把绿色形状变平滑。

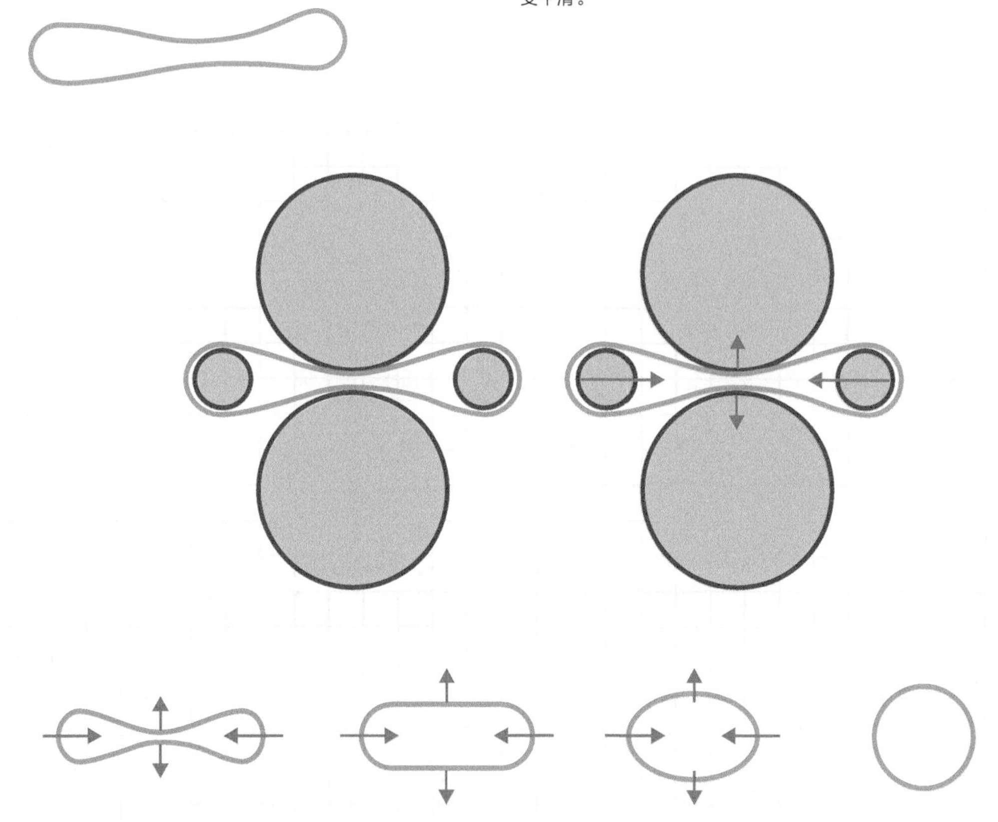

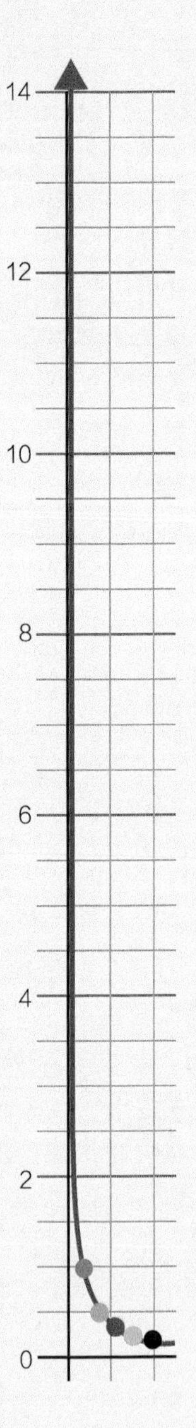

出来就会得到一个向上的尖峰，没有尽头。这个点称为奇点。如果一个曲面上有一个奇点，那么把几何形状变得平滑的任何曲率流动处理将会被这个点阻止。解决这个问题的人是一位俄罗斯天才，名叫格里戈里·佩雷尔曼。佩雷尔曼年仅 16 岁就在一次国际数学竞赛中答对了所有题目，并因此获得金牌，之后他先去了美国，然后又回到俄罗斯，始终都致力于数学问题的研究。佩雷尔曼处理奇点就像我们可能对待 $1/x$ 的问题一样：如果在图的中间某一段切割出一个区域，就可摆脱奇点。

最终得到解决

当 x 为负数时，曲线 $1/x$ 就到了 y 轴的左边，有了上述这种切割方式，这时仍然可以继续研究曲线在 y 轴左侧的情况。当人们能亲眼看到操作过程时，就觉得这项技术很简单，但是一旦要处理只有四维空间的生物才能看到的三维曲面，这项技术又变得异常难。在这一

下图：$y=1/x$是一条简单的曲线。
左图：当该曲线逼近y轴（$x=0$）时，它也趋于无穷远处。

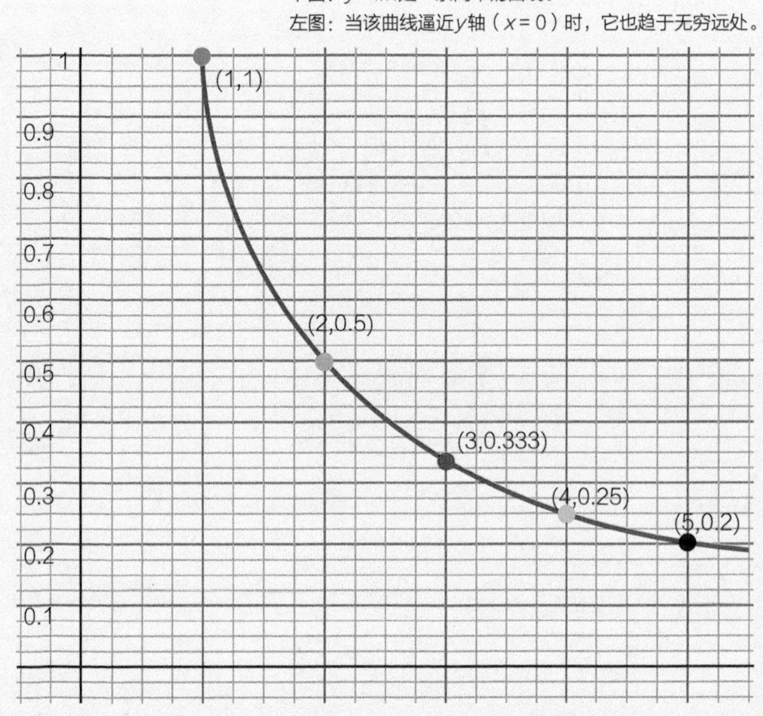

格里戈里·佩雷尔曼也许是当代在世的最伟大的数学家。他选择远离聚光灯，过着一种宁静的生活。

点上，拓扑学中很多地方都是这个样子的。这条求解之路首先需要确保切除的区域并不包含正在寻找的孔，当然要完成证明还需要解决其他许多问题。尽管这项技术异常具有挑战性，但是佩雷尔曼成功问鼎，因而最终完成了庞加莱猜想的证明。那么，他为什么拒绝了克雷数学研究所给出的 100 万美元的千禧年奖金呢？有各种各样的说法。有人宣称，佩雷尔曼说过“空虚无处不在，还可以被计算，这给了我们一个伟大的机会。我知道如何控制宇宙。告诉我，我为什么要屁颠屁颠地去领那 100 万美元？”听起来有点怪怪的。但是，他对授奖的正式回应要简单得多，也更谦虚：因为理查德·汉密尔顿也应该得到这个奖，所以他一个人接受千禧年大奖是不公平的。

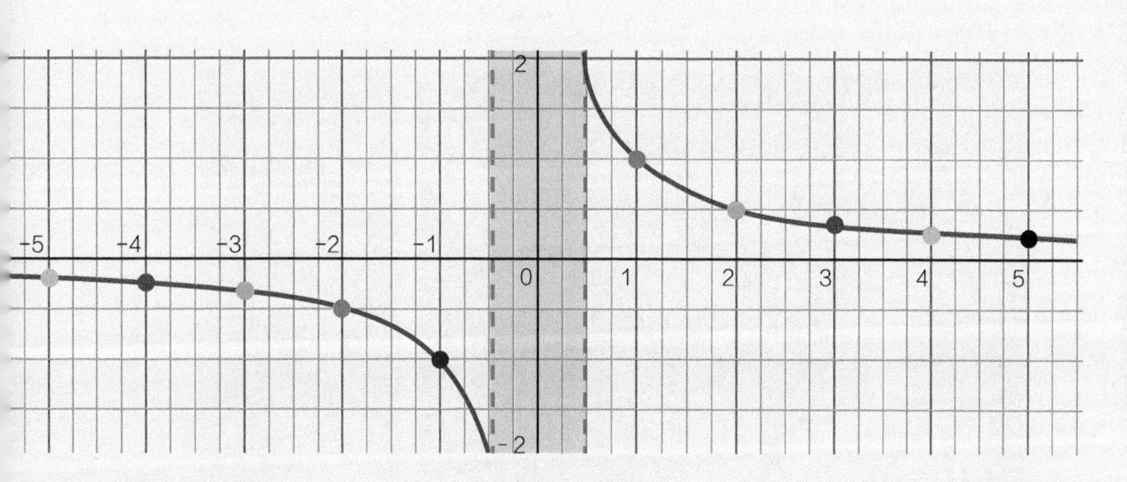

将图中曲线表现异常的区域切除，就解决了把形状平滑化的问题。

参见：
- 高维，第114页
- 拓扑学，第120页

空间和时间的几何学

1905 年阿尔伯特·爱因斯坦的一项发现改变了我们对宇宙的认知，这一改变不可逆转、影响深远。他指出，当物体高速运动的时候，空间和时间都将发生变化。

现在这个发现被称为狭义相对论，根据这套理论，假如你乘坐一艘宇宙飞船，以每小时 5 亿千米的速度飞过地球，你就会看到地面上的一切都变窄小了，连这颗圆滚滚的地球都将变成一个被拉长的椭球体。因为这种变化是相对于观察者来说的（也就是说，变化是依赖于观察者的），所以这种现象被称为相对性。而且你所乘坐的飞船飞得越快，那地球上随便哪个人（使用合适的望远镜）望上去，飞船都会变得越短。不过在你看来，飞船跟以前一样长。在飞船里你用尺子测量物体的长度跟飞船发射前测量的完全一样。然而，

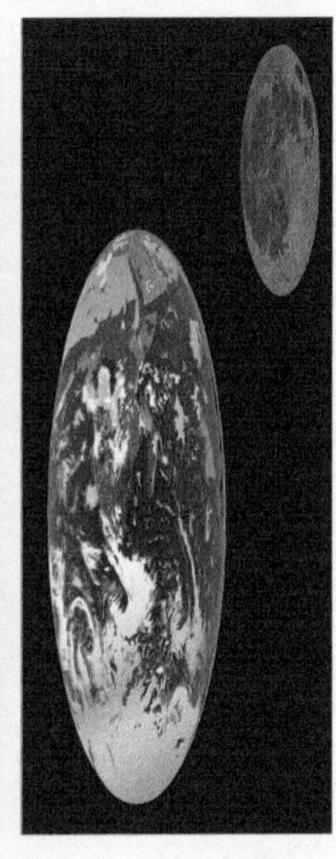

左图：从宇宙飞船上看到的景象，飞船先是在地球上空静止，然后飞越地球，此时其速度与光速的比值作为小于1的分数还是相当大的。飞船飞得越快，外面的空间就会变得越窄小。

下页图：同样，在地球表面观察，高速飞行的宇宙飞船沿着前进方向似乎被压缩了。

在地球上的观察者看来你的尺子跟飞船上其他所有东西都被压缩了。

时间也是空间

这样的现象对时间也是类似的。假如北极有一个功率很大的灯塔，能够每秒闪出一束明亮耀眼的光，这样的话，飞船经过的速度越快，灯塔闪光的频率反而会变得越慢。如果从飞船上看地球上的人，就会发现他们移动得很慢。同样，这也是一个相对改变。如果飞船上有自

空间长度和时间跨度

随着物体相对于观察者的运动速度的不同，它的长度也会发生改变，爱因斯坦的相对论包含一个公式，用它就能计算出长度到底是如何变化的。物体以速度 v 经过观察者的时候，用 L_v 表示由观察者测量的物体长度，L_0 表示飞船上的人测量的物体长度（有时称为“固有长度”），c 代表光速。

$$L_v = L_0 \times \sqrt{[1-(v^2 \div c^2)]}$$

时间拉伸的方程是相似的：

$$T_v = T_0 \times 1/\sqrt{[1-(v^2 \div c^2)]}$$

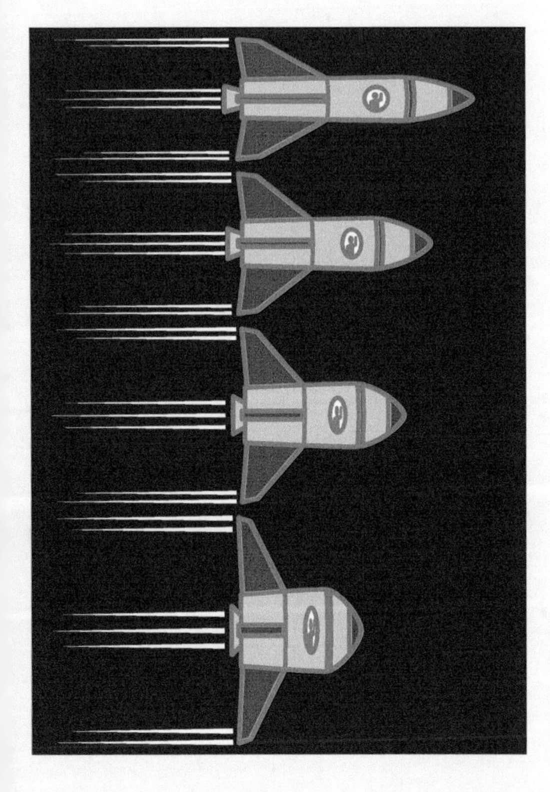

低速相对论

光速是 299792458 米 / 秒，正是因为如此高的速度，还有上面那两个公式中的平方运算，解释了为什么人们通常感受不到相对论的影响。1969 年，阿波罗 10 号宇宙飞船上的航天员以 24791 英里 / 小时（约 11083 米 / 秒）的速度飞行，他们是当时“移动得最快的人”。但是这个速度还不到光速的 0.004%，因此，航天员和太空舱仅缩短了 0.00000007% 的长度，他们的手表走针、心脏跳动还有思维也都放慢了大约这么一点点。

当时“世界上移动得最快的人”是尤金 · 塞尔南、约翰 · 扬和托马斯 · 斯塔福德。在他们身后是搭载着阿波罗10号太空舱的土星5号火箭。

己的“警示灯”，那么地球上的人也会看到它闪烁得更慢，但是在飞船上看不会感到任何变化。

赫尔曼 · 闵可夫斯基创立了空间和时间的几何学。

时空的几何

1908 年，德国数学家赫尔曼 · 闵可夫斯基发现可以从一个新的视角来看待这些变化。闵可夫斯基宣称，由于爱因斯坦的理论，“从此以后，单纯讲空间本身或者单纯讲时间本身都注定要退化成物体的投影而已，只有将空间和时间合在一起看才会保留独立的现实意义”。按照闵可夫斯基构建的关于空间和时间的新几何学，空间和时间的联合体被称为时空，而人们测量的空间距离和时间事实上只是时空的投影。这就很好地解释了现实中人们对事物的感知。肥皂泡就是一个很好的例子。就像我们可以说它的长度是1厘米，我们也可以说它存在的时间跨度是10秒。从空间上看一个人可能有0.1立方米，从时间上看他可能存在的时间跨度是90年。另外，事实上不可能有哪个物体根本就没在任何时间中存在。所以，物体存在的时间跨度跟它的长度、宽度或高度一样，都是它的一部分。

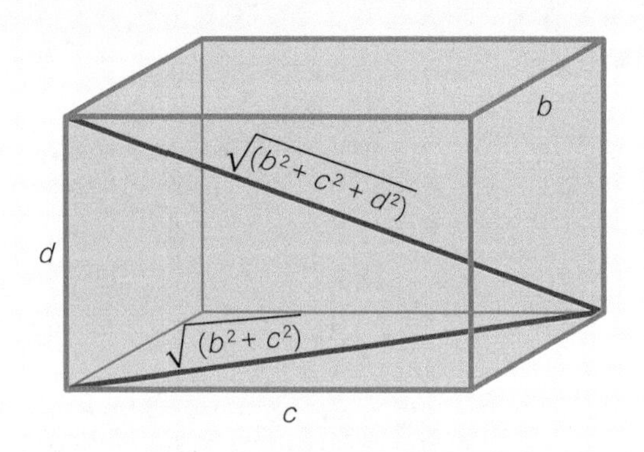

在这里从二维和三维的空间中去观察，可以看到闵可夫斯基的几何学是建立在勾股定理的基础上的。

长度和角度

如果去观察一把有1米长的尺子，其实很少看到它有1米长。尺子的长度取决于观察者从什么角度去看它，即观察到的长度随观察视角而改变。射影几何（见第79页）解释了这些变化是如何发生的。闵可夫斯基想，有没有可能这样就可以提供一种解释，说清楚为什么物体会随着观察者的速度变快而自身空间收缩？这种现象也能用射影几何之外的一种新的几何学来解释吗？他提出，每个物体在时空中都有真实的“跨度”或“区间”，对这个区间一部分人意识到的是物体持续的时

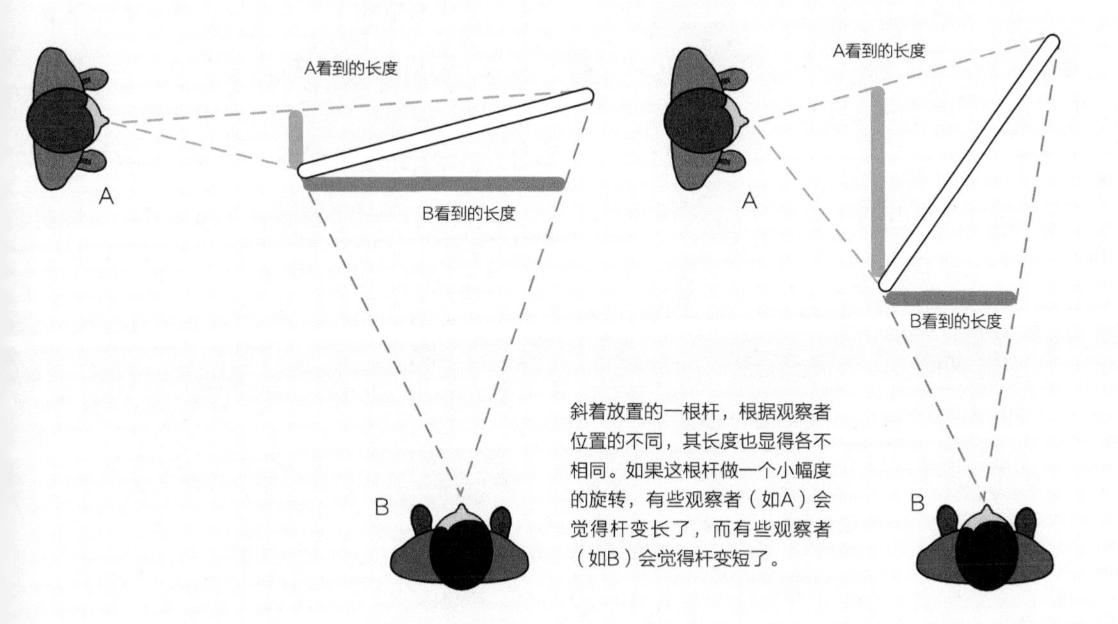

斜着放置的一根杆，根据观察者位置的不同，其长度也显得各不相同。如果这根杆做一个小幅度的旋转，有些观察者（如A）会觉得杆变长了，而有些观察者（如B）会觉得杆变短了。

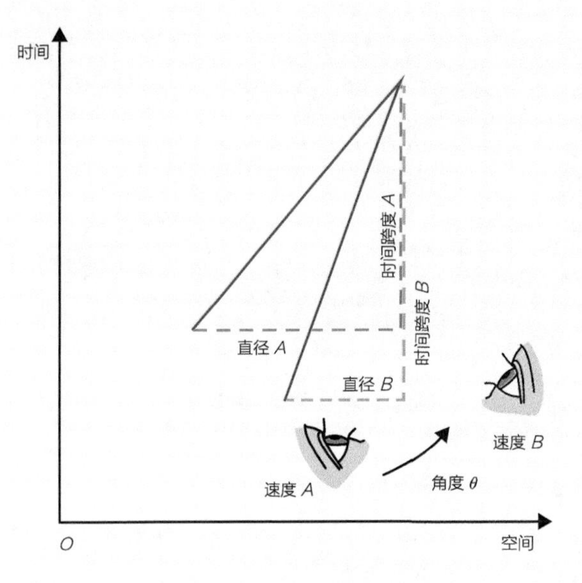

两条红线分别是两个移动的人观察到的肥皂泡的时空区间。第一个人艾伦的移动速度慢，他测量气泡的大小得出其直径为A；他观察到肥皂泡在破裂之前存在了很短的一段时间（时间跨度A）。第二个人芭芭拉移动的速度快，在她看来气泡被压扁了，其宽度只有直径B那么大。但是芭芭拉观察到肥皂泡在破裂之前存在了很长一段时间（时间跨度B）。

这个现象可以看成艾伦和芭芭拉在时空区间中从不同的角度或者说从不同的视角去观察肥皂泡。芭芭拉移动越快，夹角θ就越大。

间，还有一部分人意识到的是物体在空间中的形状。假如物体从人们身边高速经过（或者人们高速从它身边经过），人们感受到的是物体在时间上存在得更久，但在空间上更短。这就像把一根杆稍微旋转下，从一个角度看它可能会变长，但从另一个角度看它可能会变短（参见上一页）。时空包含人们通常接触的三维空间，但是还要加上第四个维度——时间维度。闵可夫斯基的几何学基于最古老和最著名的几何定理之一——勾股定理。

二维空间：$a^2=b^2+c^2$

三维空间：$a^2=b^2+c^2+d^2$

四维时空：$a^2=b^2+c^2+d^2-c^2\times t^2$

世界线

在最后那个方程里，a仍然表示某种长度，不过它同时包含时间和空间两者的度量，通常被称为时空区间。负号表明时间的维度和空间的维度不大像。按照这种几何学阐述的相对论，高速移动的旅行者观察到物体长度和时间跨度变化，可以解释为由观察位置的不断改变而造成。假设一个人要先步行 10 分钟然后跑步 5 分钟。那么所走的路程与时间的关系图如下图所示。运动得越快，这条线就越平。因此，直线的斜率表达的是速度。我们可以用蓝线与纵轴的夹角来测量斜率。相对论用这样的图来刻画运动物体的路径。通常，图的参数设置要使得光速的斜率是对角线。光速是

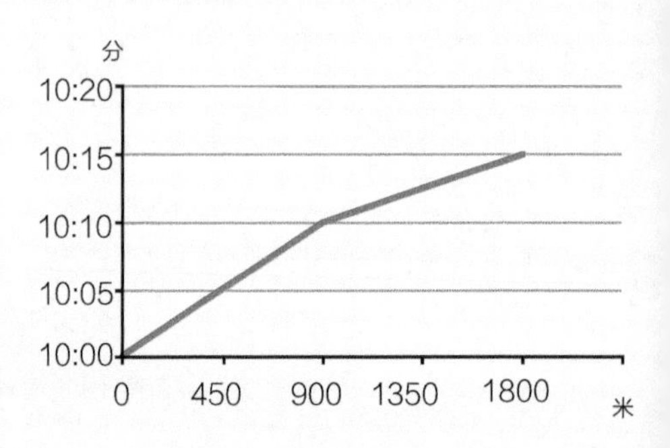

先步行，然后跑起来。横轴以米为单位，纵轴以分为单位。步行从10点开始。你移动得越快，这条线就越平坦。

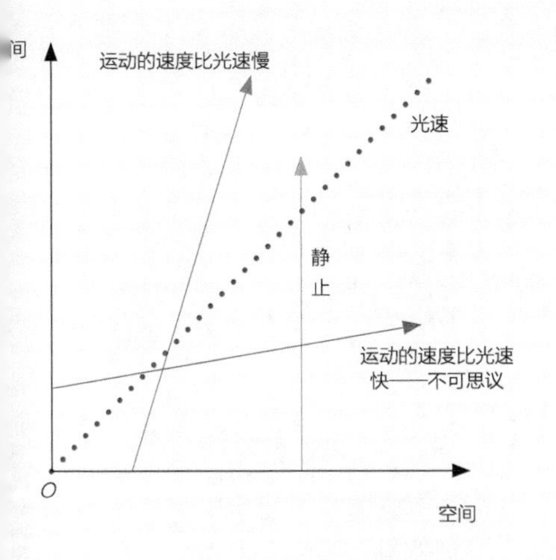

左图：在时空图上，一条垂线表示静止物体的世界线，一条与垂直方向夹角为45°的直线代表光速。物体运动得越快，那它的世界线与垂直方向的夹角就越大，但是因为所有物体的速度都不能超过光速，所以没有哪个物体的这个夹角可以大于45°。

下图：光锥是一张三维时空图，展示了过去、现在和未来。

闵可夫斯基几何学中的一个重要元素，因为正如爱因斯坦展示的那样，光速是一种普适的速度极限。宇宙中没有什么东西的速度比光速更快。因为时空有4个维度，所以我们无法合适、直观地画出示意图，因此，实际上我们做的，就像在上页“先走后跑”的图中一样，有时只刻画一个维度。就像上面的时空图，直线的斜率表示速度。图中对象的路径称为世界线。

光锥

通过绘制二维空间与时间的关系可以画出三维时空图（见右上图）。在这张图中，光速形成一个圆锥，叫作光锥。不管是哪个观察者，把他作为锥体的中心，都可以绘制这样一张图，而图的中心表示时空中的当前位置。靠下方的圆锥体是观察者的“过去”，而观察者上方的圆锥体就是他的“未来”。因为物体的速度不能超过光速，所以其永远不能跨越圆锥体。

参见：
▸ 透视法，第76页
▸ 高维，第114页

分形

康托尔从数学的角度探索了无穷的概念。

打从古希腊算起，就有数学家把物体当成简单的几何形状，通过这样的视角来尝试研究人们所处的世界。这种做法对有些物体很管用，例如晶体和行星；但是对大多数现实物体，如岛屿、树木和云朵，可就没那么简单了。

现在终于能用数学来刻画这些现实世界中复杂的形状了，这件事其实挺偶然的。从1870年德国数学家格奥尔格·康托尔的研究工作开始，逐渐形成了一门新的几何学，这时才有了复杂形状的数学刻画。康托尔是使用恰当的方式来研究“无穷”这个概念的第一位数学家，而他的方法之一就是针对最简单的形状——一条线段——无限次重复一种操作。这种操作真的好简单，但是会产生一个复杂的结果：擦掉这条线段中间部分的1/3，然后对新出现的每条线段都擦掉它们各自中间部分的1/3，照此操作，永不停息。最后留下的（不管这是什么东西）差不多都是“空空的空间”，却还有无限条短得不能再短的线段，这被称为康托尔集，或者叫作康托尔尘埃。要是欧几里

康托尔尘埃的构造过程。

得知道这种图形的话，他会发现没法用尺规来正确刻画康托尔尘埃；要是笛卡儿也知道这种图形的话，他也不可能构造刻画它的代数公式。然而，有一种更加新颖的几何概念，用它理解康托尔尘埃就容易多了。

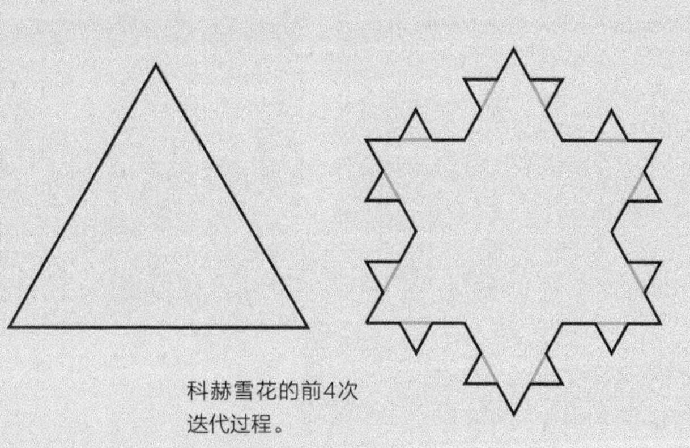

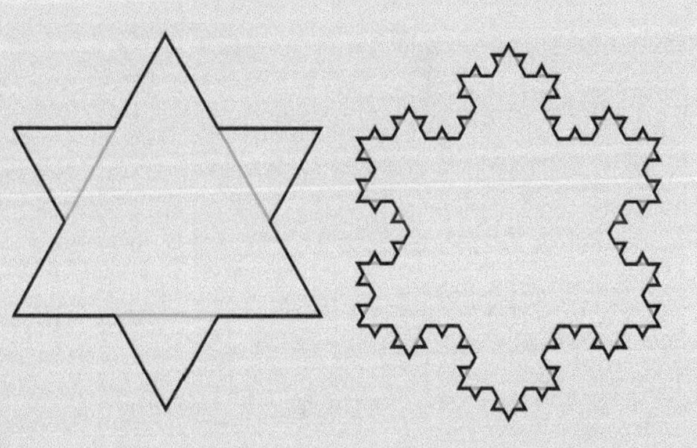

科赫雪花的前4次迭代过程。

自相似的雪花

就像构造康托尔尘埃的操作方法一样，这类操作生成的图案用一种新的几何概念——自相似性——描述起来就很容易。把镜头拉近去看一条常规的直线，就会看到一条放大后的直线，而它跟镜头拉近前没放大的时候看起来很像，所以通常说一条直线是自相似的。（在数学中，“相似”的意思是按照一定比例缩放是相同的——大小本身无关紧要。）自相似这一点，很多几何形状并非如此。假如把一条曲线放大来观察它，就会看到一条新曲线，它弯曲得就没有原来看起来的那么厉害。如果拉近镜头放大去看一个立方体，那看到的不会还是一个立方体。但是，放大康托尔尘埃，可以看到更多的康托尔尘埃，所以它是自相似的。安托万项链（见第 147 页）就是把康托尔尘埃扩展到三维空间中的一种集合。

赫尔格 · 冯 · 科赫

用数学下一场雪

1905年，瑞典数学家赫尔格 · 冯 · 科赫运用康托尔的方法，定义了一种自相似的形状，这种形状现今被称为科赫曲线，通常展示出来是称作科赫雪花的一部分。雪花从一个三角形开始。用一个新的三角形代替每条边的中间1/3段，不断重复这个过程，得到的是另一类形状。就因为这个形状有一条无限长的边，但是面积是有限的（即初始三角形面积的8/5），所以先前的几何学家要是知道它的话，一定会感到深深的困惑。

定义维度

在我们身边自相似性无处不在。云朵、蕨类植物、雪花、身体里的血管、风吹动的方式、闪电的路径，还有许多其他自然现象，以及股市数据都具有自相似性。就其本身而言，自相似并不是一个用严格的数学化语言描述的概念，但是在1918年，德国数学家兼诗人费利克斯·豪斯多夫通过引入分数维度的概念找到了一种方法来定义自相似。如果从普通形状的角度来考虑维度，这个概念就没什么意义了。一个点是零维的；一条线段只由它的长度刻画，是一维的；六边形是二维的，因为它的形状是平面，只有长和宽。很难想象在这个系列中如何插进来一个1/2维的形状，或者说放进来一个4/3维的形状。但是康托尔集的维度是多少呢？它以一条普通的直线开始构造，这是一维的，但它以点结束，这些点是零维的。因此可以说整个集合的维度是一个分数（一个豪斯多夫维度），在0和1之间。那该如何计算康托尔集的豪斯多夫维度的准确值呢？因为对于人们熟知的形状，如线、正方形和立方体，维度的大小是显而易见的，所以任何一个数值都

三维空间中的康托尔尘埃。

一条线段被二等分（上图）和三等分（下图）的样子，以及把这种分割扩展到二维空间和三维空间中的样子。

对数

有若干种方法可以求出满足 $2=3^n$ 时 n 的值，不过最简单的方法是使用对数。一个数的幂是可以计算的，不管幂的指数是整数还是分数都可以计算：$3^2=9$，$3^3=27$，$3^{0.63}\approx 2$。但如果要反过来运算该怎么做呢？反过来的话，不是从 3 算出 9 或者从 3 算出 27，而是要找到一种数学方法从 9 或者从 27 计算得到 3 的幂指数。从 $3^2=9$ 可以看到“以 3 为底数求幂运算得到 9 的对应指数”等于 2。“以 3 为底数求幂运算得到 9 的对应指数”简单地记为“以 3 为底的对数”，或者更简单地写成 $\log_3$。因此，9 的 $\log_3$（即 $\log_3 9$）等于 2，27 的 $\log_3$（即 $\log_3 27$）等于 3，2 的 $\log_3$（即 $\log_3 2$）约等于 0.63。手算对数可是很麻烦的，不过许多计算器都有对数计算功能。

能成为某个维度值这种想法看上去就很奇怪，但是总可以找到一种解决办法。

维度的计算公式

把一条线段平分成两段，就得到两条更短的线段。那要是把一个正方形的两个维度空间都分别平分成两份，就得到 4 个小一些的正方形。如果把一个立方体的 3 个维度都分别平分，就会得到 8 个更小一些的立方体。这些结果可以用一个公式来总结：（所有维度平分后）小一号的图形的数量 $=2^{维度}$。对于被均分的线段来说，$2=2^1$；对于正方形来说，$4=2^2$；对于立方体而言，则有 $8=2^3$。所以这个公式似乎能很有效地反映这种维度与切分的量化关系。如果进行更细粒度的切割，也有类似的公式来反映这种关系。例如在每个维度上做两次切割，就可以从一条线段得到 3 条短线段，从一个正方形得到 9 个小正方形，从一个立方体得到 27 个小立方体。这种切割的维度方程变成：（切割后）小一号图形个数 $=3^{维度}$。显然，对于线段有 $3=3^1$，对于正方形有 $9=3^2$，对于立方体则有 $27=3^3$。那么现在终于可以写出一个更具有一般性的维度公式：小一号形状的数量 = 每个维度的切割成段数量^{维度}。

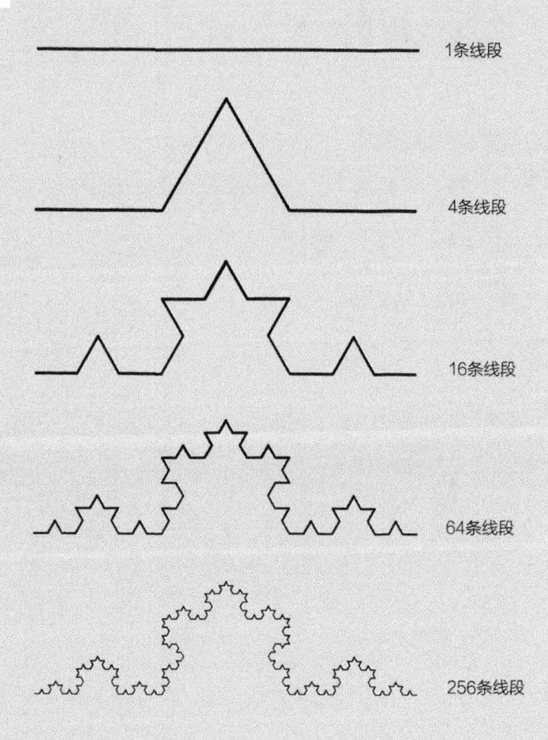

科赫曲线的前5次迭代过程。

分数维度

利用上面这个公式可以算出一个康托尔集的豪斯多夫维度。将一个康托尔集分为 3 段去考察，得到 2 个更小的康托尔集（还有一个空白区域）。那上面的公式变成 $2 = 3^{豪斯多夫维度}$。因为 $2 \approx 3^{0.63}$，由此得到豪斯多夫维度的值约为 0.63。使用上述相同的公式还可以计算科赫雪花的维度。如上页图所示，每次将科赫曲线上的一条线段分成 3 段，就得到 4 条更小的线段。将其具体值代入公式，由小一号图形的个数 = 每个维度的切割数^{豪斯多夫维度}得到 $4 = 3^{豪斯多夫维度}$。又有 $3^{1.26} \approx 4$，所以科赫雪花的豪斯多夫维度约为 1.26。

现实世界中的值

对于自然形成的自相似的形状，其豪斯多夫维度也是可以计算出来的（尽管实际上要算出维度的精确数值是非常困难的）。例如，一朵典型的云，它的豪斯多夫维度大概是 1.35，而大不列颠岛的海岸线的豪斯多夫维度大约是 1.26。

简单孕育复杂

前面提到通过反复执行简单的指令来刻画复杂的形状，其实这样的想法也可以应用到方程中去。在 20 世纪初，法国数学家加斯东·朱利亚和皮埃尔·法图考察二维平面上的方程刻画的图形时研究了迭代方程。形如 $y=x^2+a$ 的方程可以这样去迭代：首先给 x 和 a 分别指定任意一个值，例如 $x = 1$，$a = -0.1$，然后计算 y 的值

$$y = 1^2 - 0.1 = 0.9$$

现在取x的值为0.9之后再次计算

$$y = 0.9^2 - 0.1 = 0.71$$

反复操作若干次，每次都将 x 设置为前面的计算结果，这样就得到 0.9、0.71、0.4041、0.06329681、−0.095993514、−0.090785245、−0.091758039、−0.091580462、−0.091613019 等一系列值。数值结果在 −0.09161 附近稳定下来。根据所选择的 a 的数值，接下

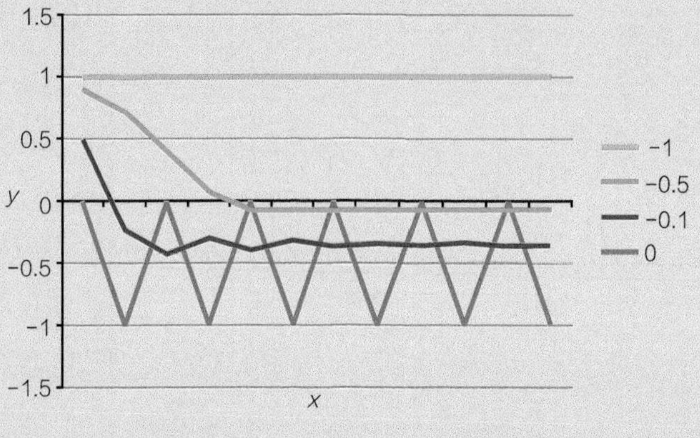

当a取各个值（值位于图的右侧）的时候，迭代函数$y= x^2+ a$的图像是不相同的。如果a大于0，函数图像趋于无穷远。

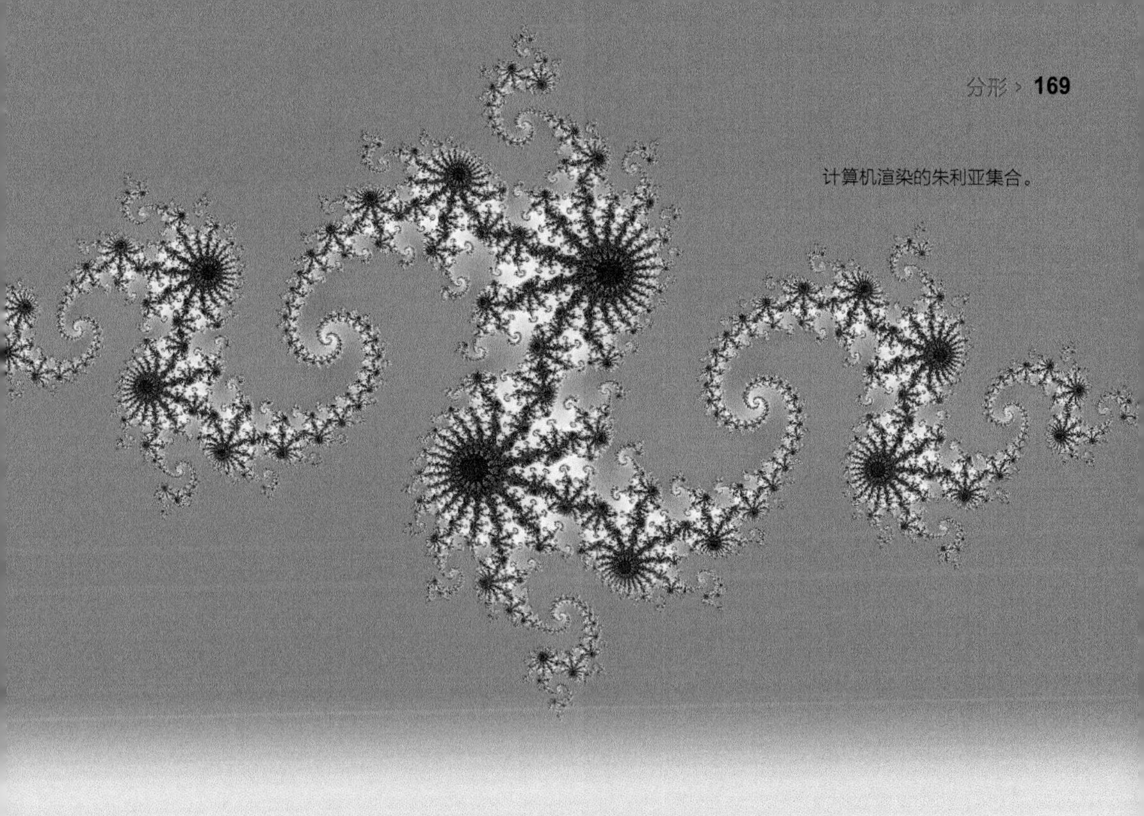

计算机渲染的朱利亚集合。

Auch von dem Falle, daß $\mathfrak{F}$ sowohl „verkettete" als „unverkettete" Punkte enthält, können wir uns ein Bild machen, indem wir die Konstruktion von oben nochmals so ausführen, daß die Dreiecke sich nicht mehr berühren, d. h., anschaulich gesprochen, indem wir unser Schema passend „auseinanderziehen", wie dies in nebenstehender Figur 3 angedeutet ist. Dann ist das entsprechende $\mathfrak{B}''$ von unendlich hohem Zusammenhang. Zwei Punkte von $\mathfrak{K}$ sind offenbar dann und nur dann verkettet, wenn sie dem gleichen Dreieck angehören. In jedem noch so kleinen Bereich D, der Punkte von $\mathfrak{K}$ enthält, liegen dann unend-

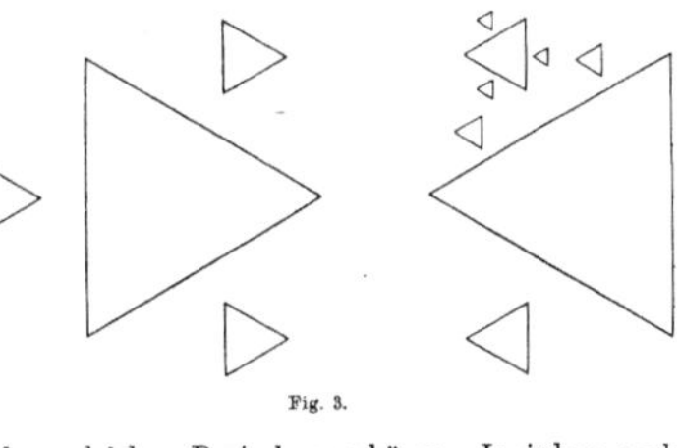

Fig. 3.

左图和下图：朱利亚和法图那时候能看到的最复杂的图案也就是这样子的，该图源于1925年发表的一篇论文。

208 HUBERT CREMER:

Wir gehen von zwei gleichseitigen Dreiecken $\triangle A_1 A_2 A_3$ und $\triangle A_1 A_4 A_5$ mit der Seite a aus, die an der Ecke A_1 aneinanderstoßen (Fig. 2). Sie bilden zusammen den geschlossenen polygonalen Zug $p_1 = A_1 A_2 A_3 A_4 A_5$, der die Ebene in 3 Bereiche teilt:

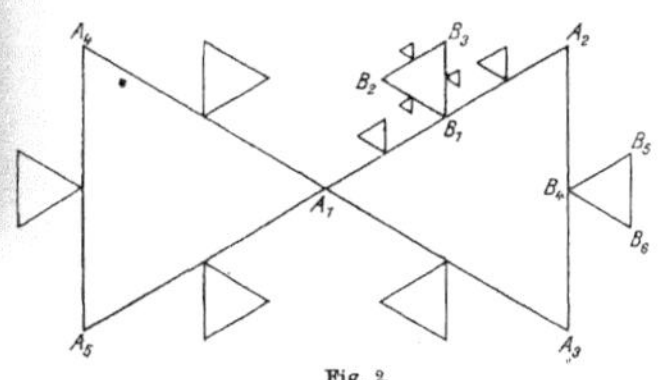

Fig. 2.

1. Das Innere von $\triangle A_1 A_2 A_3$: $\mathfrak{B}_1$.

2. Das Innere von $\triangle A_1 A_4 A_5$: $\mathfrak{B}_1'$.

3. Den Bereich $\mathfrak{B}_1''$, der den unendlich fernen Punkt enthält und vom ganzen polygonalen Zug p_1 begrenzt wird.

In die Mitte jeder der Seiten von p_1 setzen wir die Spitze eines gleichseitigen Dreiecks von der Seitenlänge $\frac{1}{3}a$[1]), dessen Seiten den Seiten von p_1 parallel sind, und das (d. h. dessen Inneres) ganz in $\mathfrak{B}_1''$ liegt. $\triangle B_1 B_2 B_3$, $\triangle B_4 B_5 B_6$ sind zwei dieser Dreiecke. p_1 bildet mit den so konstruierten Dreiecken einen geschlossenen polygonalen Zug p_2, dessen Ecken in der Reihenfolge $A_1 B_1 B_2 B_3 B_1 A_2 B_4 B_5 B_6 B_4 A_3$ aufeinander folgen. p_2 teilt die Ebene in $3 + 6 = 9$ Bereiche, nämlich $\mathfrak{B}_1$, $\mathfrak{B}_1'$, das Innere der sechs oben konstruierten Dreiecke und den vom ganzen Zug p_2

来会发生以下5种情况中的一种：结果可能为一个固定的值；结果稳定地向一个固定的值逼近；结果无休止地震荡；结果刚开始时震荡，但逐渐在一个固定的值附近稳定下来；结果趋于无穷大。

使用复数

对于一个简单的方程，这样得到的已经是一个相当复杂的结果了，但是如果把同样的想法应用到二维图上，结果就变得更加有意思了。要比较便利地做到这一点需要用到复数。（复数将 1、2、3 等这样的实数与虚数单位 i 结合起来，造出更完备的一个数值集合，可用于解答复杂的代数问题。）它的操作流程是这样的：从 x 和 y 的任何一组值开始，喜欢哪个值挑哪个，例如 $x=-2$、$y=0$。然后把这一组值当作坐标，在对应位置画一个点，但首先要算出这个点应该画什么颜色。要做到这一点，选择两个值 a 和 b，然后写方程 $(X+Y)^2=(x+y)^2+(a+b)$。求解方程算出 X 和 Y，然后分别设置 x 和 y 的值为刚才算得的 X 和 Y 的值，把后者这个结果代入方程，并重新求解方程。如此反复，看看 $(X+Y)$ 会发生什么。对于 a、b、x 和 y 的某些值，$(X+Y)$ 会保持不变；而对于其他值，$(X+Y)$ 会迅速地趋于无穷；等等。现在，为每一类答案分配一种颜色。一种颜色表示解是稳定值的情况，另一种表示解会缓慢趋于无穷，还有一种表示解会快速趋于无穷，以此类推。照此，在点（-2,0）处着色，也对很多其他点着色，最后会得到一个图案（见上一页），称为朱利亚集合。朱利亚集合是自相似的。图中有两个大的形状，每一个都被小一号的相同形状包围着，而小一号的形状自己也被更小一号的相同形状包围着，如此一直下去。

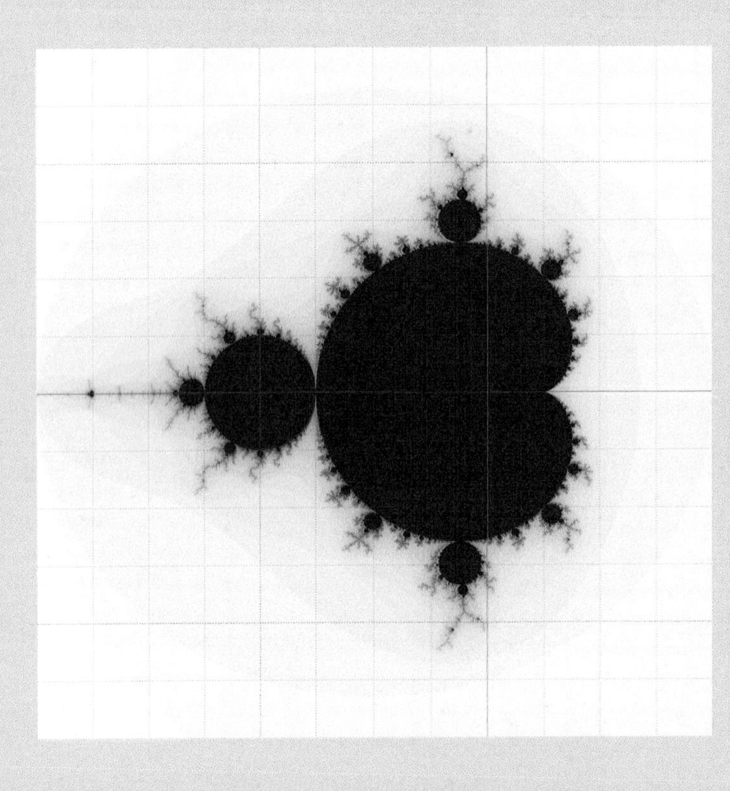

曼德博集合是最著名的分形图案。

等待计算机

遗憾的是，像上一页中那样瑰丽的图案，朱利亚从没有看到过一眼。如果没有配备绘图设备的电子计算机，要绘制

因为许多自然界中的形状本就是分形图形，所以基于分形技术用计算机生成的一张自然风景图看上去很逼真。

那样的图可能要花费数千小时。直到 20 世纪 70 年代才真正开始普及计算机图形学，所以，在此之前这些自相似图形并不为人熟知，这也不足为奇。正是到了 1975 年，这些形状才有了自己的名字：分形。这个名字关联到形状的断裂的维度或分数维度。这个词是由本华 · 曼德博（又译为伯努瓦 · 曼德尔布罗）提出的，而他的名字被用来命名一个更加复杂和美丽的自相似图形。曼德博集合的构造方式跟朱利亚集合的非常相似，区别在于在表达式 $(x+y)^2+a+b$ 中，前者用来迭代的值是 a 和 b，而不像朱利亚集合那样参与迭代的是 x 和 y 的值。图形学软件大量使用分形图形，这些图形通过设计后可以看起来像森林、星系、河流和许多其他复杂的自然物。

参见：
- 欧几里得的革命，第44页
- 高维，第114页

悬而未决的几何难题

勒内·笛卡儿重新定义了几何学，从而导致一大波新发现的爆发。

有很多几何学问题悬而未决，而且，不像其他数学分支里尚未解决的问题，要把这些几何问题本身看明白，很多还都是挺容易的。要解答这些问题也不必非得成为世界级的数学大师。通常要理解一个几何问题的答案需要有丰富的想象力。有许多未解决的几何学问题涉及高维物体或高维空间的性质，要明白它们的真谛尤其需要想象力。

既然庞加莱猜想已经被证明了，那么当代几何学中最有分量的挑战很可能是找寻到一个真正靠谱的不变量来刻画纽结（见第144页）。与此同时，全世界的数学家都在努力寻求用新方法把算术领域和几何学联系起来（参见下页方框）。

埋藏的秘密

几何学上的许多突破与进展并不是源自去解答一个已知问题，有些数学家致力于尝试开拓新领域或研究被他人忽视的领域，往往是这些人取得了几何学的突破。而这些新突破又反过来提供了新方法，可以轻松地解决以前的问题。因此，勒内·笛卡儿在解析几何领域大举开拓（见第96页），彼得·格思里·泰特在纽结的数学原理方向收获满满（见第144页），本华·曼德博在分形领域（见第164页）大施拳脚。然而，即使那些数学领域历经过几百年细致缜密的探索与研究，有时仍然蕴藏着宝藏。古希腊人非常全面地研究了如何使用直尺和圆规绘制多边形（见第64页），从那时算起2000多年后高斯发现了可以用尺规作图法画出正十七边形。他对自己这个研究结果太满意了，以至于要求把它镌刻在自己的墓碑上（但是遭到了石匠的拒绝，说它看起来太像是一个圆了）。还有好几个定理，本来可以早早地就被发现，却等到很久以后才出现。还会有多少类似这样的发现，只要方向选对了，跨过一点点迷惑人的小障碍后很容易就能把它们找出来？

揭示奥秘的原动力

为什么有人要花时间去探索未知的几何领域，有人要耗费精力去解答古老的几何谜题呢？成功具有高度的不确定性，解答出来也不大可能使人一夜暴富

高斯在年仅19岁的时候就用直尺和圆规画出正十七边形，取得了古希腊若干代几何学家都没能达到的成就。

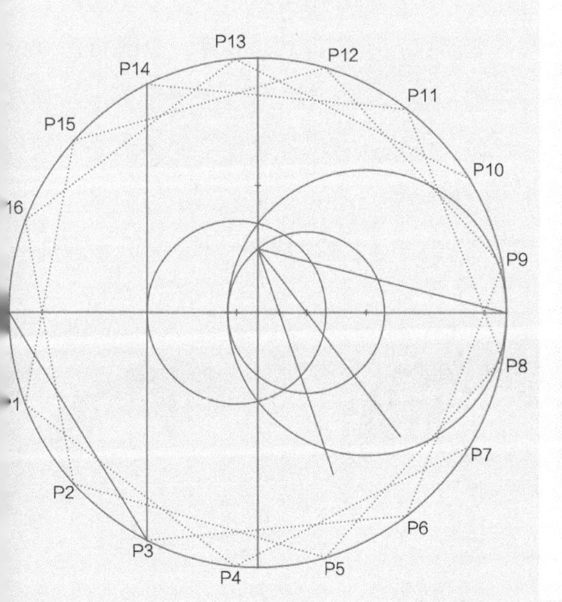

朗兰兹纲领

16 世纪的时候，由于笛卡儿和费马把代数与几何结合起来（见第 96 页），几何学取得跨越式发展。为了把几何学与称为代数数论的算术领域结合起来而做出类似的工作，数学家罗伯特·朗兰兹（见下图）发起了朗兰兹纲领。这个纲领始于 1967 年 1 月朗兰兹寄给安德烈·魏尔（又译为安德烈·维伊）的一封信，而魏尔可是当代最伟大的数学家之一。朗兰兹提出了数论与几何之间一种非常强大而又非常紧密的联系。他用语谦虚，写道：“我巴不得你真心愿意把这种联系就只是看成单纯一个猜想罢了。”他甚至继续写道：“你要是不这么看，那你手边肯定有个废纸篓吧。”很幸运，魏尔可没把这封信丢掉。现在，朗兰兹纲领已经成为数学领域非常重要的一项计划。

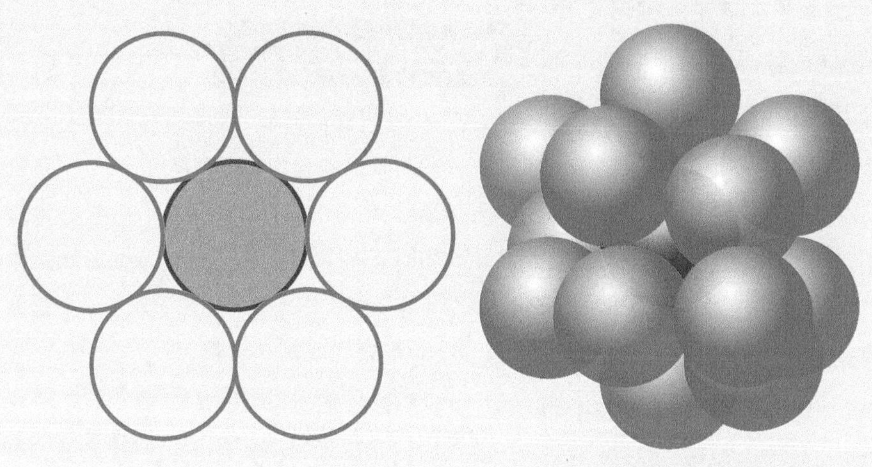

容易看到，二维空间里接吻数是6。三维空间里接吻数是12，这要看出来或者算出来一点都不简单。

或名扬四海。研究几何学的其中一个原因跟猜谜语、看悬疑片、做填字游戏、读侦探小说是一样的——乐趣来自弄清一些复杂的事物。研究几何学的另一个原因是一种动力，就是那种激励探险者登上高高的山峰或者月球的冲动：要抵达一个以前无人造访过的地方。然而，至少在某种意义上，数学上的新发现要比征服新的高峰或者登陆其他星球更能令人激动。数学上的一项发现是关于宇宙的一个事实，它放诸四海而皆准，历经万世永恒。正如阿尔伯特·爱因斯坦曾经说过的那样：“方程式是永恒的。”

球体接吻的问题

一个球体的接吻数是它可以同时碰触到的其他同等大小的球体的数量。对于排成一排的球体（也就是一维空间的情况），接吻数等于2。对于一个平面上的球体（二维空间的情况），接吻数等于6。这两个接吻数看起来是不是很简单？可是大大出乎意料的是这个问题在高维情况下变得超级棘手。在三维空间中，12个球体可以紧贴着围绕另一个球体，可是这样仍然余留了大量的空间没被用起来，几乎差点就足够让第13个球体塞进来。但是对不起，这是办不到的！

莫利奇迹

莫利定理本来可以由古希腊人轻易地发现，或者那之后的大约1000年里随便哪个人玩玩直尺也应该发现了。正因为之前一直没有人发现这个定理，也正因为这个定理令人惊奇，所以在这个定理最终于1899年被数学家弗兰克·莫利发现之后，它就被叫作莫利奇迹。随便画一个三角形，把它的每一个内角三等分（尽管古希腊人不能只用直边和圆规去三等分一个角，但是他们已经掌握了许多别的方法可以做到），延伸角的三等分线直到它们相交。不管原来的三角形是什么形状，总是能得到一个等边三角形。

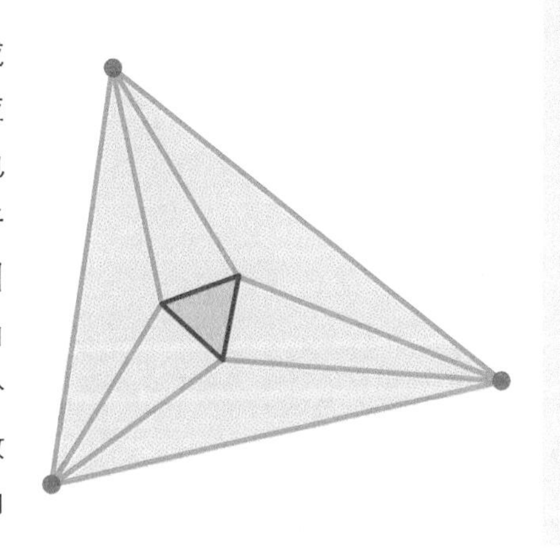

所以三维的接吻数等于12。开普勒似乎是阐述这一结论的第一人，他在1611年就提出来了，尽管用真实的球体来验证很容易，但是直到1953年三维空间的接吻数这一结果才在数学上被给予证明。在四维空间中，接吻数（等于24）直到2003年才被发现，而在大多数高维空间中，接吻数仍然是未知的。

沙发拐角问题

想象一下，走廊有一个拐角的地方，需要把一个大大的沙发（或者长椅）搬动通过这个拐角。显然可以看到，沙发越大，这事儿就越难搞定。不过，先不论沙发的形状，能够绕过这个拐角的最大的沙发是什么样的？这个能通过拐角的最大沙发被称为“沙发常数”。真正搬沙发的时候，人们可能会尝试把沙发的一个角翘起来，不过要考虑这些操作

现实中搬动沙发已经是挺难的一件事了，而在数学上还完全是个谜。

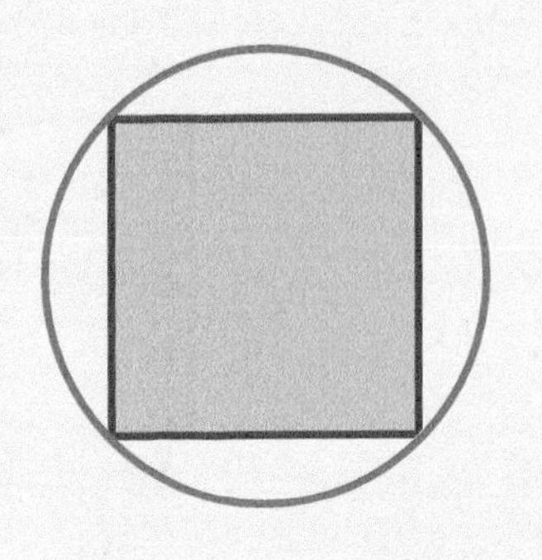

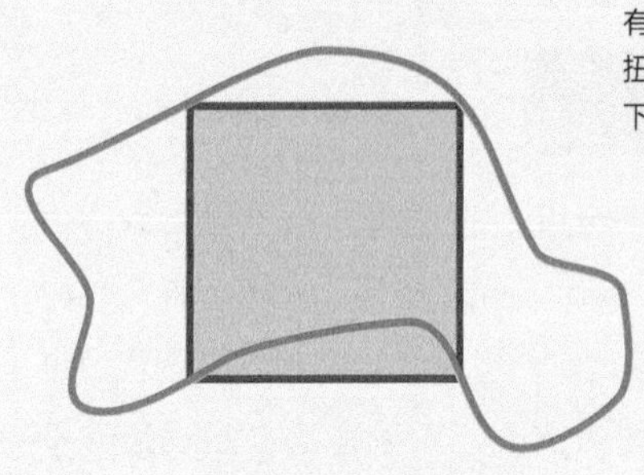

有一个正方形可以嵌入这个扭曲变形的圆中。任何情况下都可以这样吗?

的话问题会变得更加复杂，所以先不考虑这些而是假定沙发必须保持水平。要是你想不出沙发拐角问题的答案，那你可别感到失落——还没有哪个数学家把这个问题解答出来。至今能做到的也就只是把“沙发常数”的范围缩小一点：走廊宽1米的时候，“沙发常数”的大小介于2.2195米和2.8284米之间。

内接正方形问题

画一个圆，再在圆内画一个正方形，使得正方形的每个顶点都落在圆上。这个正方形叫作内接正方形。如果把这个圆扭曲（并且不允许圆与自身交叉），那么通常也容易在扭曲的圆上找到可以搁一个内接正方形的区域。尽管如此，至今还没有人能够证明每个这样的形状都具有内接正方形。

百年好合问题

在一张纸上画 5 个点，唯一要求满足的规则是任意 3 个点不能排在同一条直线上。用其中某 4 个点作为顶点，应当能够画出一个凸四边形，但不一定能画出凸五边形（“凸”是指顶点处的内角小于对应的外角），不管这些点怎么分布在纸上，要确保能够画出来的话，至少需要 9 个点。要确保能够用随机分布的点画出凸六边形的话，至少需要 17 个点。至于要确保能够画出凸七边形——

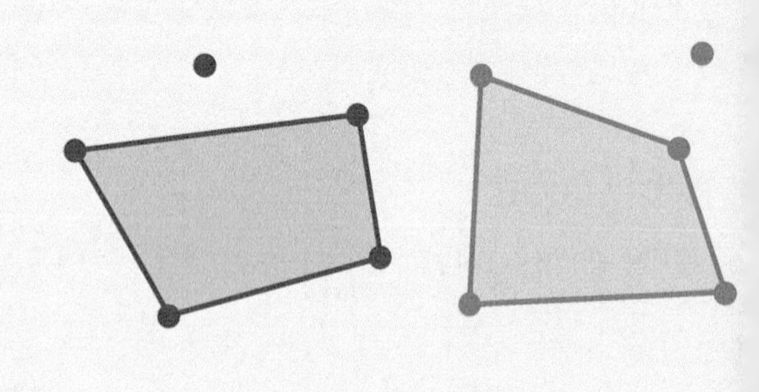

红色点可以用来形成一个凸五边形，但是绿色点或蓝色点不可以。

如图所示，立方体有11种可能的网，看起来所有可能的多面体都至少有一个网。尽管如此，没人能斩钉截铁地确定这一论断。

没人知道至少需要多少个点。大家觉得有 33 个点就够了，可是没人证明这一论断。乔治·塞凯赖什和埃丝特·克莱因两人一起合作研究这个问题，他俩醉心于此，最终喜结连理，所以这个问题也被叫作“百年好合问题”。

乌拉姆填充猜想

有的形状可以严丝合缝地嵌入一个箱体，例如立方体。而另外一些形状也能很好地填充进箱体，但是会有一些空间仍然空着，例如圆柱体。球体的填充比圆柱体的填充更加松散，填不到的空间很多。还有比球体填充起来更糟糕的形状吗？没人能拍着胸脯给个定论。这个问题是波兰核物理学家、数学家斯塔尼斯拉夫·乌拉姆的猜想，他参与建造了第一座核反应堆以及参与设计了驶向其他星球的核动力宇宙飞船。

丢勒猜想

阿尔布雷希特·丢勒发明了网（见第 37 页），他可能想过是不是每个多面体都有一个网。尽管如此，直到 20 世纪 70 年代人们才记录下这一猜想，估计原因在于这个猜想看起来八九不离十就是成立的。正因如此，更令人吃惊的是没人试图去证明这个猜想（假定已排除具有凹陷的多面体，即凹多面体）。

林中迷途

1956 年美国数学家和计算机工程师理查德·贝尔曼提出一个问题：一个人发现自己在一片树林中迷路了，幸好掌握了树林的形状，那么要离开这片树林最好怎么走呢？也许看起来是沿着一条直线走最好，但是如果人与树林的边界近在咫尺他却与树林边界“平行”地走呢？在那种情况下“之”字形路线会快得多。半个多世纪以前，针对矩形树林、圆形树林以及其他几个形状的树林，这个问题已经被解决了。而对于三角形树林和其他大多数形状的树林，答案尚不得而知。

参见：
- 透视法，第76页
- 高维，第114页

术语解释

猜想

人们相信成立但未经证明的理论。

超球面

四维空间的球面（译者注：也可以指更高维空间的球面）。

代数几何

用于求解方程的几何方法。

定理

经证明成立的数学论断。

非欧几何

任何一种不适用平行公设的几何学。

复数

具有实部和虚部的数，就像 $7 + 2i$，其中 $i=\sqrt{-1}$。

公理

定理所依据的基本假设。举个例子："任意两点可以用直线相连。"

弧度

角度的一种度量方式，等于 $180°/\pi$，大约为 $57.3°$。如果沿着圆标记出一段圆弧，其长度等于圆的半径，继而从圆弧的两个端点向圆心画直线并交于圆心，那么这两条直线之间的夹角被定义成 1 弧度。

解析几何

用坐标可以画出形状和曲线的几何学。

绝对几何

一门几何学，其中所有的定理既不建立在平行公设之上，也不建立在平行公设的任何替代假设之上。参见欧几里得几何。

棱柱

两个平行的面为全等的多边形，其中一个面刚好在另一个面的正上方，这样的三维形状称为棱柱。

黎曼几何

有别于欧几里得几何学的一门几何学，它不再使用平行公设，而且三角形的内角加起来超过 $180°$，也没有平行线。

欧几里得几何

以古希腊数学家欧几里得的研究工作为基础，包含平行公设的一门几何学。

平行公设

对于每条直线都能找到一条与之平行的直线，也就是说，这两条直线处处间隔的距离为一个常数，这种论断称为平行公设。

球面几何

应用于球面上的形状的几何学。

三角学

处理三角形的几何学领域。

射影几何

用于解释把三维物体在平面上画（投影）出来的方法的几何学。

实体

几何学中的一个实体是指一个三维形状，例如球体或立方体。

双曲几何

有别于欧几里得几何学的一门几何学，它不再使用平行公设，而且三角形的内角加起来小于 $180°$。

拓扑

研究形状的若干性质的一个几何学领域，这些性质甚至当形状发生扭曲的时候仍然保持不变，例如形状里面所存在孔的数量，但是长度或者角度不算在这些性质里。这是当代几何学的研究和发展中最活跃的领域之一。

微分几何

微分或微分法是处理事物变化的一种数学工具。微分及相关技术在微分几何中用于研究曲线和曲面。

虚数

-1 的平方根，或者这个根的倍数（译者注：这里的倍数是指任意实数倍数）。

直尺和圆规

许多古希腊人研究几何学时所使用的工具。直尺和圆规都没有刻度。